黑色金子

王大锐　编著

石油工业出版社

图书在版编目（CIP）数据

黑色金子／王大锐编著．
北京：石油工业出版社，2007.5
ISBN 978-7-5021-5912-2

Ⅰ．黑…
Ⅱ．王…
Ⅲ．石油－普及读物
Ⅳ．TE-49

中国版本图书馆 CIP 数据核字（2006）第 163216 号

出版发行：石油工业出版社
　　　　（北京安定门外安华里 2 区 1 号　100011）
　　　　网　　址：www.petropub.com.cn
　　　　发行部：（010）64210392
经　　销　全国新华书店
印　　刷　北京中石油彩色印刷有限责任公司

2007 年 5 月第 1 版　2012 年 5 月第 6 次印刷
787×960 毫米　开本：1/16　印张：8.25
字数：108 千字

定价：22.00 元
（如出现印装质量问题，我社发行部负责调换）
版权所有，翻印必究

目 录

滚滚"黑金"何方来

什么是石油？ ………………………………………… 3
石油是怎样形成的？ ………………………………… 10
石油在地下是怎样储存的？ ………………………… 15
"石油"史话 …………………………………………… 24
煤能生成石油吗？ …………………………………… 28
人类可以造出石油吗？ ……………………………… 31

敢问油气何处有

揭开盆地的秘密 ……………………………………… 37
从天到地寻"黑金" …………………………………… 40
间接找油与直接找油 ………………………………… 44
石油是怎样采出来的？ ……………………………… 47
石油会被采完吗？ …………………………………… 54

没有围墙的"大工厂"

从石油的始发站到"初加工厂" ……………………… 65
油田的"血管" ………………………………………… 70
油气的"仓库" ………………………………………… 73
形形色色的运油工具 ………………………………… 77
气势恢宏的"西气东输"工程 ………………………… 80
现代化战争中的油料供给 …………………………… 83

是圣火还是祸水

丰富多彩的石油"大家庭"…………………………………… 87
多姿多彩的第二代石油产品………………………………… 92
天然气已悄然走进我们的生活……………………………… 95
土地、大海在呼唤…………………………………………… 98
石油炼制与环保……………………………………………… 101
乱用石油产品——危险！…………………………………… 103

为石油而战

充满血腥的石油争夺战……………………………………… 109
二战中的高加索石油之争…………………………………… 112
石油与疆土争端……………………………………………… 115
海湾战争与石油……………………………………………… 118
石油的国际战略角色………………………………………… 121
国民经济与能源系统的重要支柱…………………………… 125

滚滚"黑金"何方来

人们常常用"工业的血液"来形容石油在国民经济建设中所占的重要地位。从公路上疾驰的各种型号、不同吨位的大小汽车到威风凛凛、驰骋在战场上的坦克、装甲车；从在天空翱翔的"战鹰"到破浪前进的大型舰队、商船，哪一样能离开石油呢？从人们常用的洗涤用品、塑料制品到合成橡胶、合成纤维，直到发射人造卫星的巨型火箭，同样也都离不开石油。据不完全统计，石油与天然气的产品已近万种。

石油在工业、农业、电子、国防和人们日常生活中几乎无处不在。由于石油和天然气具有极大的经济价值，所以常常被人们称为"黑色金子"。

那么，人们不禁要问：为人类带来巨大利益的"黑金"究竟来自何方？人们怎样才能获得它？对人类来说，它是福是祸？在未来的社会中它将会扮演什么角色？

什么是石油？

认识石油

人们常常把石油称为"黑色金子"。这个称呼含有两种意思，首先，说明石油是重要的工业原料；第二，在常人眼中，石油的颜色是黑色的。其实，从石油中所得到的成千上万种产品来说，它比金子更为重要，其颜色也不完全是黑色的。

那石油究竟是什么样子的？

石油的颜色丰富多彩，有黑色、棕色甚至淡黄色。比如我国大庆油田的石油是黑色，玉门油田的石油是黑褐色，四川盆地的石油是黄绿色，渤海湾地区大港油田有的石油是淡黄色的。石油之所以具有不同的颜色是因为它们所含的成分不同。沥青质的含量越多，石油的颜色就越深。我国所产石油一般含的沥青质并不多，其颜色都比较浅，大港油田甚至还产出过无色的石油。

一般情况下,石油有浓烈的气味,这是由石油中所含有的某些成分所致。如果石油中含有硫化物的话,就会发出难闻的臭鸡蛋味。

在常温下,金子是固体,但石油的形态却不一定,根据所含蜡的多少,有的是固体,有的是半固体,多数是可以流动的液体。含蜡少的石油凝固点高,常温下是液体,能流动;含蜡多的凝固点低,常温下就会变成固体或半固体。我国石油的含蜡量一般较高,有的可达30%。

金子放在水里,马上就会沉到水底,石油却不会!把石油放到水里,石油就会浮在水面,这说明石油的密度比水小,一般低于1。我国石油的比重在0.86~0.91之间。

众所周知,石油是一种典型的易燃易爆品,火星、闪电等都可引起石油的燃烧甚至爆炸,因此,在储存、运输石油时都要倍加小心。

那么,石油如此纷繁复杂的性质是如何形成的,其与什么有关呢?石油中究竟含有多少种物质呢?它们对石油及其产品的性质又有哪些影响?

我们知道水是由氢和氧两种元素组成的,人们呼出的二氧化碳气体是由碳和氧两种元素组成的,那么,石油呢?石油是由许多元素组成的,但以碳和氢这两种元素为主,约占96%~99%,其中碳占84%~85%,氢占12%~14%,此外还有硫、氧、氮和微量的氯、碘、磷、钠、铁、镍等十几种元素。那么石油是不是就是由这些元素组成的一种化合物呢?不是,它是由这些元素构成的许多化合物的复杂混合物(图1)。正是这成千上万种的不同化合物,形成了石油形形色色的物理和化学性质(图2)。

"黑金"石油

人们最早认识石油的时候,只是用来点灯照明和点火做饭的。随着科学技术的发展,石油的用途不断扩大,人们对石油的认识也在不断地加深。石油,已经融入我们生活的方方面面。

石油到底能加工出多少种产品,实在很难准确地回答。大体说来，包括燃料油、润滑油、沥青等各类油品约有五百来种；合成树脂、合成纤维和合成橡胶等石油化工产品的种类就更多了，至少有一千五百多种；至于以石油为原料制成的表面活性剂、添加剂、粘合剂、

图1 二氧化碳、水与石油中所含元素的对比

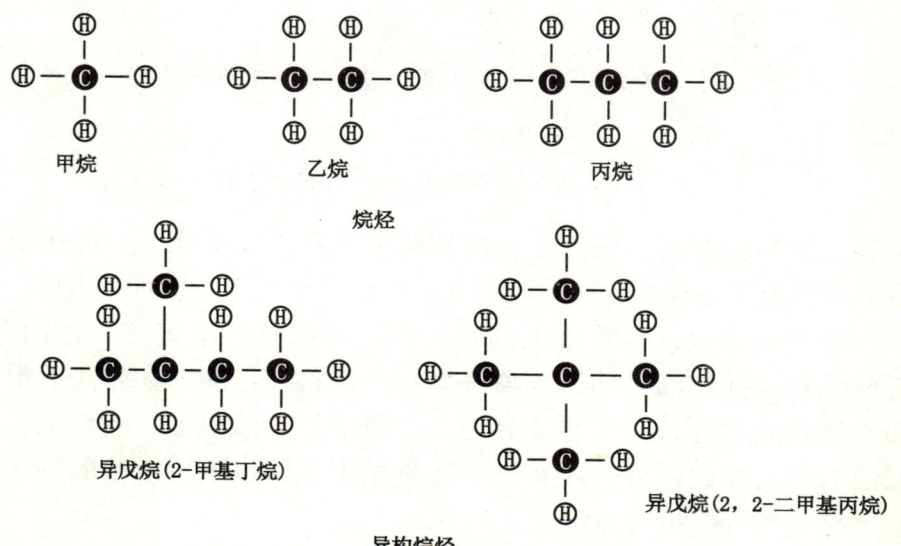

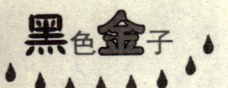

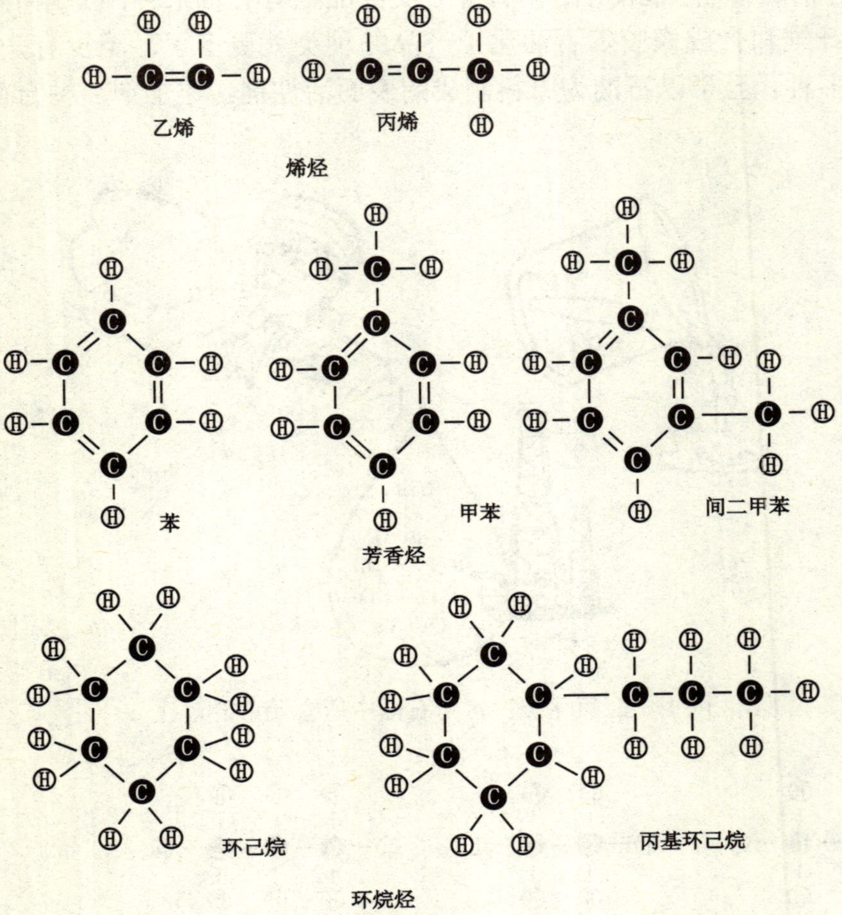

图2 石油中各种有机化合物的分子式

染料、涂料、香料、医药、农药和助剂等各类精细化工产品那就更是数不胜数了（图3）。

拿油品来说，数量最大的是燃料，其次是润滑剂和石油沥青。所谓燃料包括汽油、柴油、喷气燃料和燃料油；润滑剂则是润滑油和润滑脂的总称，润滑油又分为汽油机油、柴油机油、齿轮油、机械油等等。除此以外，还有一些数量虽不多但也不可或缺的固体石油产品，如石蜡和石油焦等。

从人们的衣食住行来看，哪样也和石油密不可分（图4）。

石蜡制品

合成纤维

塑料大棚

图3　石油产品

　　现在，人们的衣着真可谓百花齐放，这要归功于涤纶、腈纶、锦纶等合成纤维的迅速发展以及五彩缤纷的各色染料，从而使得各种款式的服装不仅美观挺括而且价位不高，让老老少少得以随心所欲地装扮自己。至于品牌众多能有效地清洗各种织物的洗衣粉和洗涤液也都是石油产品。

　　有人可能觉得石油又不能吃，与"食"似乎无关，其实关系也很密切。且不说食品的包装需要塑料，要使农业丰产，化肥和农药是必不可少的。现在，冬季的蔬菜如此清新鲜嫩及品种繁多，塑料

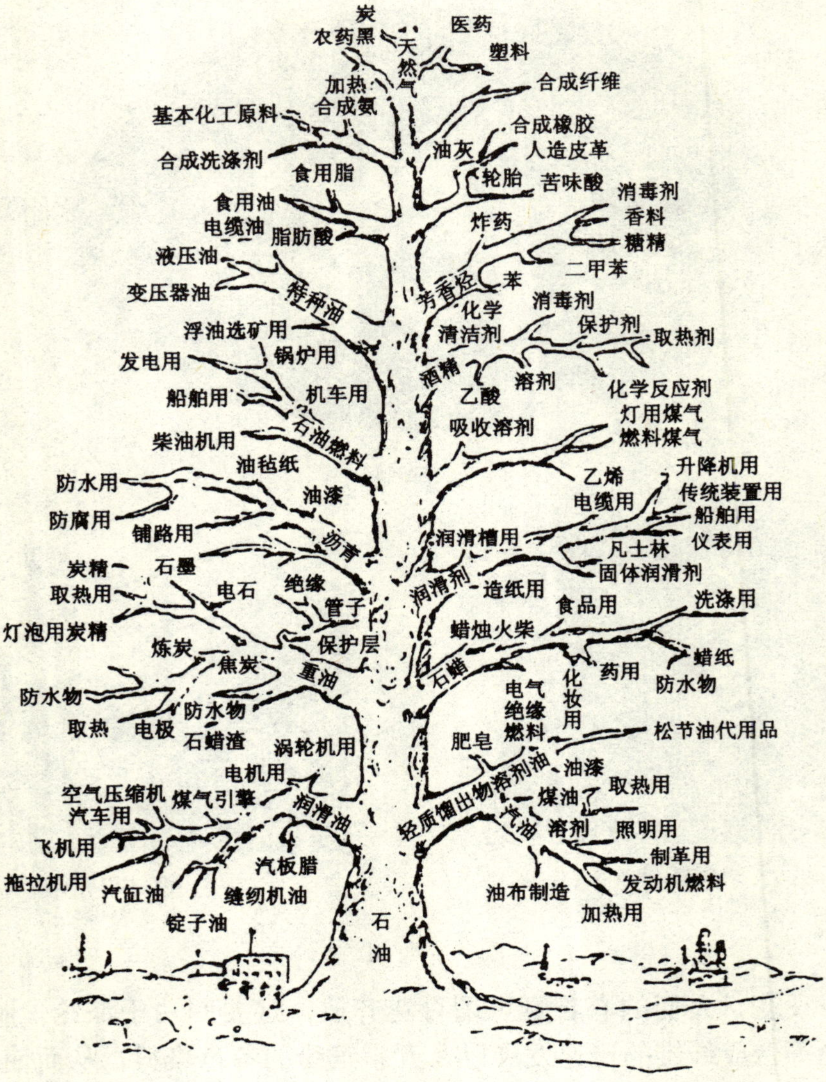

图 4　石油产品树

大棚功不可没，而地膜对于大田作物的增温保墒作用也是众所周知的。

可以说，现在家庭的装修没有不用合成树脂（塑料）的，无论是门窗、顶棚、装饰材料以及灯具等等，都要以各种合成树脂为原料。

现代家庭中，少不了用塑料制成的既轻便又美观的时尚家具，纵然是木制的家具，也要用由石油合成的粘合剂以及涂料等。

至于"行"，那更是离不开石油了。开汽车要用汽油，乘火车需要柴油，坐飞机得用喷气燃料，轮船上烧的是燃料油，可以说石油是各种交通工具的"血液"。这些动力机械的运动部分，都必须加入润滑油或是润滑脂，不然就会很快损毁。再说，路面上的沥青和车轮上的合成橡胶轮胎也都产自石油。

正所谓"石油浑身都是宝，现代生活离不了。衣食住行都靠它，'黑金'美名天下扬"。

石油是怎样形成的?

石油是埋藏在地下千万年前的有机质，经历了长期的演化才变成的。

石油形成的原因是自然科学领域和石油地质学界争论最激烈，也最富挑战性的问题之一。这不仅因为石油的成分复杂，而且大部分是流体，能够流动，它们在地下的储藏地往往不是其"诞生地"——是经过运移才聚集的（天然气更是如此）。这与其他的煤、铁等矿产显著不同。从18世纪70年代至今，人们对石油的成因先后提出了几十种假说。

石油形成的"大环境"

经过近百年的科学探索与大量的生产实践，在已经发现的石油中，含有极其丰富的有机质和组成生命的分子，如卟啉等"生物标志化合物"；大量的碳、氧、氢等元素与动植物的生物元素组成很接近。这些都有力地支持了"石油是远古时期的生物形成的"这一"有机成因学说"。与之相对的还有"无机成因学说"。这种观点认为，石油是远古时期地球形成时从宇宙中俘获的大量碳在地球的演化过程中，不断地从地壳深处运移到地球的浅层聚集，形成了大的油气田。但是迄今为止，石油地质界还没有根据这种理论找到过大型油田。所以，"有机成因学说"在当今的石油地质界占主导地位，科学家们根据这一理论发现了一个又一个的大型油气田。

石油和天然气是生物有机体在沉积过程中，在缺氧的还原环境和一定的压力及温度条件下生成的。那么，这些有机质是怎样转化成石油的呢？

地壳表层长期与大气和水接触，遭受各种地质作用的破坏，将岩石破碎或溶蚀，搬运到低洼的地方沉积下来，形成沉积层，其体积约占地球岩石圈总体积的1/5。它们形成了各种各样的盆地，如我国的松辽盆地、塔里木盆地、渤海湾盆地等。

盆地中的沉积物取决于盆地的位置,如果盆地位于陆地内,则会有湖泊、河流等带来的沉积物堆积;如果位于海洋中,就是海洋沉积;如果接近海洋,就会有海、陆两类沉积物的混合堆积。一个沉积盆地从发育到最后萎缩,通常要经历几百万年到几千万年甚至上亿年,在如此漫长的地质历史中,沉积物的性质和特征都在发生着不断的变化。盆地中的沉积层记录了这些演变,研究这些地层,就可以了解盆地的变迁史。这对于石油、天然气的研究是十分重要的。

在地球的历史中,曾经生活过无数的生物,尤其是那些低等生物的繁殖力是非常惊人的。有人曾经计算过,一个肉眼几乎看不见的硅藻在不受任何限制的理想条件下,8天之内就可繁殖出像地球那样大的体积(图5)。当然,很大一部分生物有机体由于没有适宜的环境被氧化腐烂而不能转化变成石油,但保存下来的即使只有很少一部分也是很可观的。

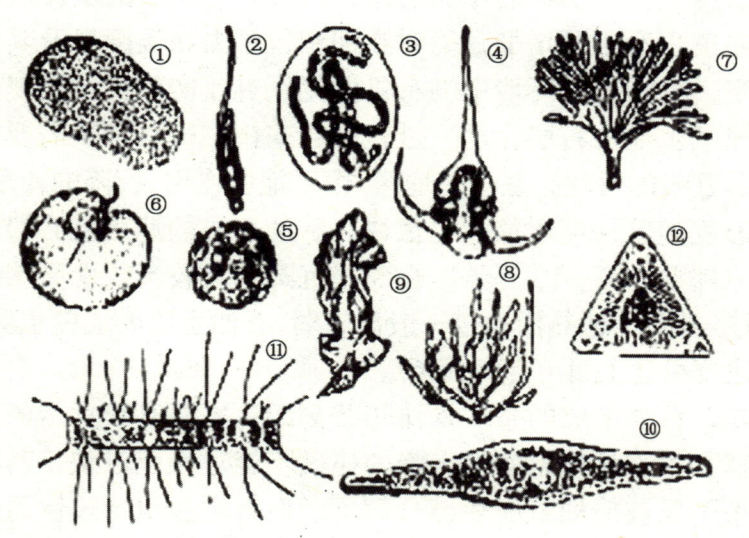

图5 生成油气的生物来源
蓝藻:①微囊藻;②胶刺藻;③念珠藻
甲藻:④三角角藻;⑤金褐球鳞藻;⑥夜光藻
绿藻:⑦刺松藻;⑧浒苔;⑨海白菜
硅藻:⑩纺锤状硅藻; 角刺藻;⏊三角硅藻

石油形成的"微观"变化

具体地说,生物死亡之后沉入水下发生沉淀,变成了有机质。那么有机质是怎样在还原环境下被保存下来变成了石油、天然气呢?首先,需要有比较广阔的曾经长期被水体覆盖的海盆或湖盆。有机质在这样的水域中沉积下来,水层起到了隔绝氧气的作用。虽然水中也有一定的氧气,但这些氧气在氧化了一部分有机质后就消耗光了,绝大部分有机质会保存下来。其次,陆地上也经常向这些低洼地区输送大量的泥沙和其他矿物质,迅速将其中的有机质掩埋住,把它们和空气隔离开来,形成还原环境。

随着地壳的运动,盆地边沉降边接受外来的沉积物,水生的和陆生的生物死亡之后,与大量的泥沙及其他物质一起沉积下来。沉积盆地不断地沉降,沉积物一层又一层地加厚,老的沉积物被新的沉积物所覆盖。沉积物的不断加厚,使含有有机质的淤泥所承受的压力和温度也会不断增加,同时在细菌、压力和温度以及其他因素的作用下,处在还原环境中的有机淤泥经过压实和固结就变成了岩石,形成了生油岩石层。这一过程说起来快,可也至少需要数十万年到数百万年的时间。在一些地区,由于地质作用,沉降的速度很快,地下的温度随着深度增加的也很快,石油形成的速度就会很快,有的甚至只需要5万~10万年;在那些沉降速度较慢,地质构造活动较弱的稳定地区,地热活动也一般比较弱,石油生成的速度也会放慢,生油的速度可达上百万年(图6)。

所以,石油形成的条件是比较苛刻的:需要有较大型的盆地接收沉积物和生物遗体;盆地下降的速度不能过慢或过快,前者会使生物体来不及被掩埋就腐烂、分解了,后者则会由于过快而来不及接收足够的有机质,难以形成石油;要求有潮湿的古气候条件;要求湖泊或海洋中的水体相对平稳、安静,具还原条件且有生物适宜的盐度等。

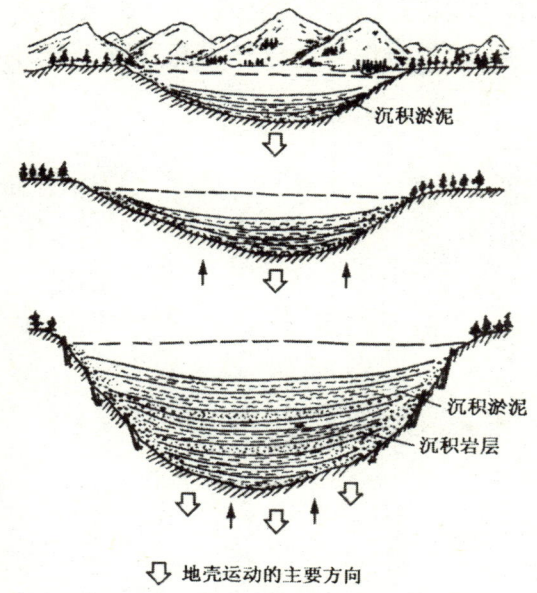

⇩ 地壳运动的主要方向

⇧ 地壳运动的次要方向

图6　地壳的升降运动

天然气是怎样形成的

在通常情况下，石油与天然气相伴，但在有的地方，勘探的结果却只见气未见油，或者只有油而缺气，这绝不是偶然的现象，而是石油与天然气的形成条件的差别，两者既有联系又有区别。简单讲，植物的花粉、孢子、水体中的低等藻类等可以形成石油；除此之外，我们常见的草木，尤其是高大的高等植物茎干中的木质纤维等，往往会形成天然气；在地下不太深的地方，甲烷细菌的作用可以形成天然气，而不会形成石油。相对而言，形成天然气的温度可以比形成石油的低一些。

石油在高温条件下，会被分解生成天然气，而天然气不会再形成石油（有的天然气中含有大量的烃类，到了地表，由于温度和压力下降，会变成轻质的油——凝析油）；煤层可以形成大量的天然气（又叫"煤层气"）而极少形成石油。

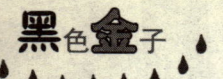

可以说,石油与天然气有时是一对"孪生兄弟",相伴而生;有时又像是"陌路人",互不相关,这些都取决于当地的古地理环境和地球的演变。

石油在地下是怎样储存的？

孔洞和缝隙里的"家"

生油岩大都是泥质岩，在一定的压力条件下比砂岩更容易压缩，里面的孔孔洞洞变小了，渗透性也变差，没有可供油气"安家"的条件。因此，生成的油气在外力的作用下只好离开它们的"出生地"，运移到砂质岩中（储集岩）集中，也可以在有裂缝的泥质岩、石灰岩甚至火山岩内集中，从而形成了工业油气藏。人们把油气生成以后的这种"流浪"叫做"油气运移"。

油气搬到自己的新"家"以后，还是以非常微小的油滴或体积很小的天然气体状态储存在岩石里。所以，石油在地下并不像我们想像的或者一些文学作品中所描述的那样是"油河"、"油湖"甚至"油海"，而是藏身在大大小小的肉眼看不见的孔隙和微细裂缝里（图7）。是这些无数的微小的油滴，在地下聚集成了油藏。

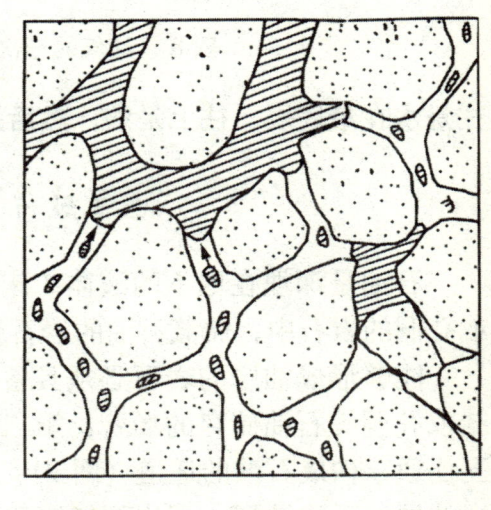

图7 岩石孔隙中的油和水

油气从生成到形成矿藏，一般需要经过两次"运移"才可完成。第一次是从生成的岩石中运移出来，第二次是在储集层内运移、聚集、成藏（图8）。由于与油气有关的沉积岩是在水域地带中形成的，油气从生成到形成矿藏，总是和水密切联系在一起。油气是在水的"托举"下进入油气藏的。油比水轻，天然气又比油轻，所以，在一个油气藏内，往

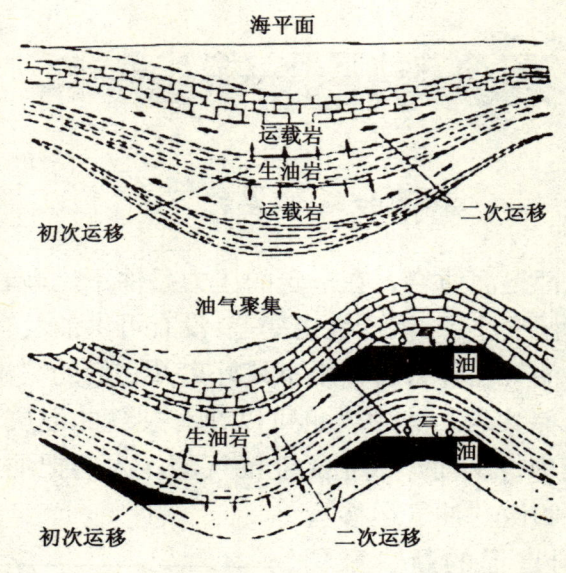

图8　油气的一次运移与二次运移

往是水在最底层，往上是油，然后是天然气。

"连点成片"话油层

石油是深埋在地下的液体矿床，它储藏在地下具有孔隙、裂缝或孔洞的岩石中，储藏石油的岩石就是油层。

能够形成油层的岩石必须具备两个条件：第一，具有孔隙、裂缝或孔洞等石油储存的场所；第二，孔隙、裂缝之间或孔洞之间相互连通，构成石油的通道（图9）。目前世界上发现的油层主要有砂岩油层、砾岩油层、泥岩裂缝油层、碳酸盐岩油层、基岩油层、珊瑚礁岩油层、基岩油层、火山岩油层等。

砂岩油层　砂岩主要是由各种岩石碎块或矿物小颗粒组成的，这些小颗粒就是通常所说的砂粒，砂粒堆积在一起，而且被其他物质（大多数是泥质）所固结，成为砂岩。砂岩的颗粒直径大、颗粒之间的孔隙就大；颗粒直径小，颗粒之间的孔隙就小（图10）。

在砂岩中，除了具有能储存石油的孔隙，还必须具有石油能在

图 9　油层示意图

孔隙中流动的通道，才能使石油注入，并能在压力的驱使下使石油流向油井。

砾岩油层　砾岩是由各种小砾石与较细的砂泥颗粒组成的。砾岩具有和砂岩相类似的特性，但是，砾岩的储油条件一般不如砂岩好。这是因为砾岩中的砾石虽然直径大，但往往大小不一地混杂在一起，就像大豆和小米混杂的那种现象，而且孔隙经常被大量的胶结物所充填，所以孔隙度小，储油条件差。

泥岩裂缝油层　泥岩的颗粒直径比较小，所以一般无法储存石油。但是在地质构造运动的作用下，泥岩受外力作用产生不同方向的裂缝和节理，造成相互连通的空间，因而也可以形成泥岩裂缝油层（图 11）。

碳酸盐岩油层　碳酸盐岩的颗粒很细，相当于粉砂岩的颗粒。

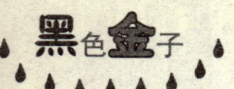

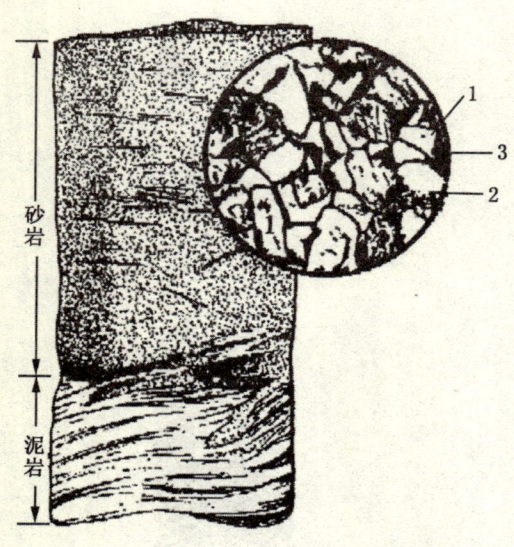

图10 砂岩油层
1—砂岩颗粒；2—胶结物；3—孔隙储油

与砂岩和泥岩略有不同的是，碳酸盐岩形成之后，由于含有碳酸的水沿着岩石的裂缝和孔隙渗于地下，它的溶解作用使碳酸盐岩原有的孔隙和裂缝不断扩大，日久天长，便形成了溶洞。常见的碳酸盐岩油层有石灰岩油层、生物灰岩油层和生物碎屑灰岩油层，只要岩石内部含有丰富的连通孔隙，就具备了良好的储油条件（图12）。

基岩油层 作为盆地基底的古老岩石，包括岩浆岩和变质岩，在地表风化和构造运动作用下，产生断层、节理、裂隙，形成了孔隙空间。如果这类岩石形成凸起且被不渗透的岩层覆盖，就可形成良好的储油层。

火成岩油层 虽然火成岩（火山岩）中无法生成石油，但当岩浆从地下深处涌至地表附近或者喷发出地表后，在冷却的过程中会放出气体，产生很多气孔和裂缝。气孔和裂缝相互连通便形成了储油条件，即火成岩油层。

所以，概括地说，只要具有孔隙、孔洞或裂缝，而且这些孔隙、孔洞或裂缝是互相连通的，这样的岩石就能够成为油层。

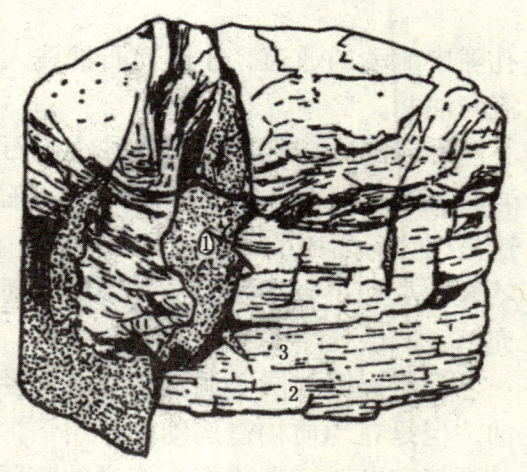

图11 泥岩裂缝油层
1—裂缝，被粉砂岩充填，含有石油；
2—裂缝，含有石油；3—泥岩

油层的类型虽然很多,但就目前世界上已经发现的油田,比较多的是砂岩油层。

砂岩油层在地下深处是由很多不规则的砂体组成,人们把这些含油的砂体叫做油砂体。

地球上早就存在着山川、江河、湖泊和海洋,由于河流的侵蚀、搬运和沉积作用,经过漫长的地质历史时期,在千百万年前,砂体就在河流、湖泊或海洋的不同地段上逐渐形成。

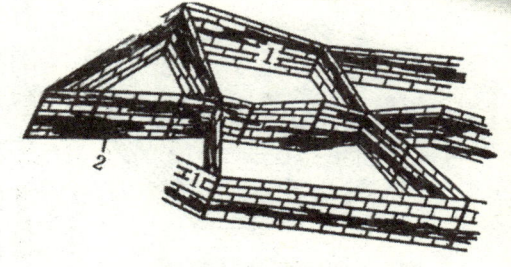

图12　石灰岩油层
1—石灰岩；2—裂缝带储油

在这种条件下形成的油砂体,形态是复杂多样的,储油的性能很不均一。从平面上看,油砂体形态多变,大小悬殊,有长条状、手掌状、树枝状、扫帚状及其他不规则形态；单个的油砂体最大面积可达数百平方千米,最小的不到1平方千米；储油性能相差很大。从纵向上看,在一套油层内,形态不同、厚薄不同、储油性能不同的油砂体参差错叠,互相串通(图13)。

勘探实践表明,大面积分布、砂岩颗粒较粗、分选性好、孔隙度、渗透率都比较高、不同砂体之间的连道性较好且单层厚度大的油砂体是油田开发中的主力油层。

有一种长条状的油砂体,形

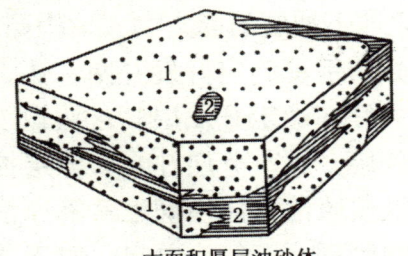

大面积厚层油砂体

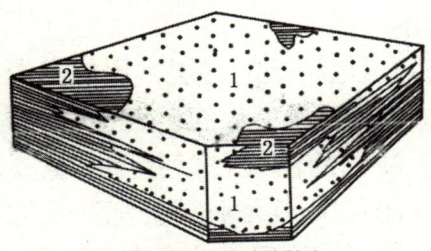

大面积油砂体的上、下边缘分叉

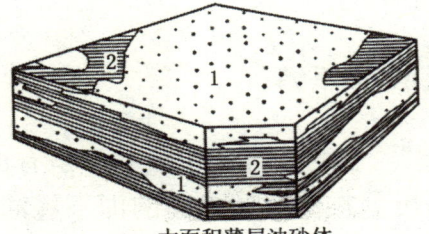

大面积薄层油砂体

图13　不同类型油砂体
1—油砂体；2—非渗透性岩层

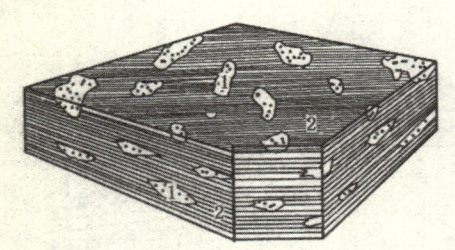

图 14　零星状油砂体
1—油砂体；2—非渗透性岩层

态比较简单，延伸较远，砂岩周围变成连片的泥岩，砂岩和泥岩都是厚层的，砂岩的厚度沿着长条方向变化不大，而垂直于长条方向的变化很大，砂岩突变为泥岩；在砂岩体中部的渗透率较高。这种油砂体一般属于中等油层。

还有一种零星分布的油砂体，砂岩零散地分布在泥岩中，各砂岩部分互不连通，被泥质岩所包围。这种油砂体一般属于差油层（图14）。

现代勘探概念与技术使得人们认识地下油层的能力大大地提高。认识了油砂体，就可以按照油砂体的分布情况确定开发井网；认识了油砂体，可以按照油砂体产油能力的好坏确定开发层序；认识了油砂体，可以按照油砂体的特点进行分层开采，分层注水，分层控制油气的产出量；认识了油砂体，可以按照油砂体精确地计算原油的地质储量，进行分区块的综合认识和管理，等等。总之，对于油砂体的认识是合理开发油田的坚实基础。

可以作为盖层和底层的几乎全为渗透性极低的岩层，比如泥岩、页岩、粘土岩及硬石膏层、盐岩层等等。吸饱了水的砂岩也能成为油气藏的底层。这种性能的变化对于油气的注入和保存至关重要，因为，若在油气进入圈闭之前，这些岩石的封闭性增强就会把油气"拒之门外"，只有当油气进入之后，盖层封闭性增强，才会有效地阻止油气的逃逸，形成有工业价值的油气藏。

形形色色的天然油气库

集中储油的地方叫做"储油构造"，它由三部分组成：一是有油气居住的空间，叫"储集层"；二是覆盖在储集层上面的即不透油、不透水、不透气的岩石层，叫"盖层"，它就像一层"天然大被子"，有效地防止了油气的继续外流；三是油气藏四周的封堵条件（图15）。

由于沉积环境不同及后来受到的构造运动影响的不同，使得地下能够储存油气的各个天然仓库从内部结构到外部形态都不相同。再加上形成油气的原始母质不同，油气生成后的运移、保存条件不同，在各个天然油气库中储存的油气的性质也不完全相同。所以，世界各地的油气藏都是各自不相同的。

能够储存油气的地下仓库叫做"圈闭"，地质学家根据圈闭形成的原因，把油气藏分为了以下几大类。

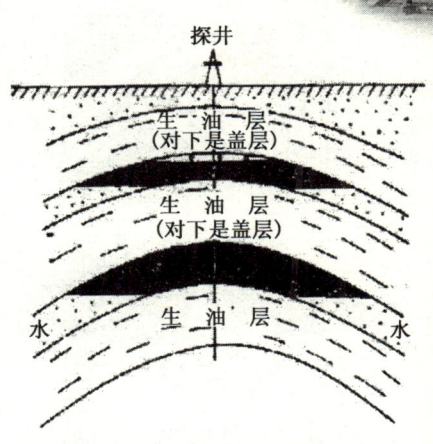

图15　生、储、盖层配位关系

构造油气藏　构造运动使具有渗透能力的地层发生了褶皱、断裂等形变，从而形成了圈闭条件的油气藏。这种圈闭易于发现，它的研究历史最长，是目前已发现的油气藏中的主要类型。世界上许多油气藏就属于这一类。如背斜油气藏，它是由于构造运动使储油层、盖层和底层向上隆起，形成了圈闭油气的条件。这种油气藏是所有各种油气藏中最常见的，因而也最有代表性，也是油气勘探中首选的目标（图16）。

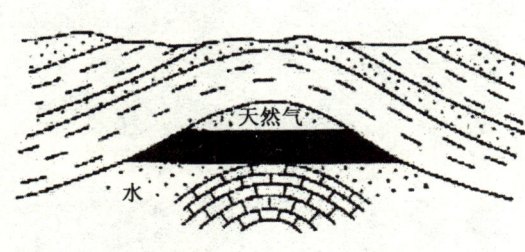

图16　背斜油气藏

典型的背斜油气藏像一个倒扣着的大锅。这个"锅"的表壳就是盖层，向下的面是底层。盖层和底层阻止了油气向垂直于储油层的方向运移。隆起则在储层中形成了一个液流停滞区，既有利于油、气、水在内部发生重力分异和聚集，也使聚集起来的油气可以在其中保存。充满在储层中的水从下面将油、气托住，封存在隆起的储集层中。

还有一种构造油气藏是断层油气藏，它是地壳发生褶皱或伸张运动时，地层的某一部分受力过大发生断裂，地层断裂以后，裂开

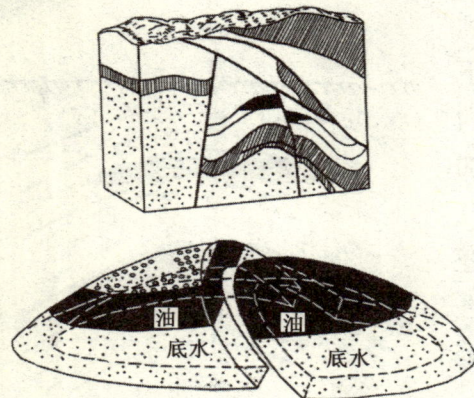

图 17　断层圈闭油气藏

的部分如果发生相对错动，就形成断层。断裂的部分之间如果未被不渗透的物质充填、堵死，就可以成为油、气运移的通道。如果被封死了，断层就可以形成一个遮挡面。在适当的条件下，这种遮挡面与盖层、底层相结合，就可以形成断层圈闭油气藏（图 17）。

属于构造圈闭的油气藏种类最多，以上只是两个较为典型的例子。

地层油气藏　主要由经过沉积间断以后就沉积的不渗透地层作为遮挡面而形成的油气藏。这类油气藏的圈闭条件实际上是由沉积成岩作用和构造运动相结合形成的。

在几百万甚至上千万年之间若没有岩石沉积的现象，叫做沉积间断。沉积间断之后又发生了新的沉积，这种新旧地层之间的接触面叫"不整合面"（图 18）。不整合面的作用与断层的作用十分相似，既有助于油气的运移，又有助于起到遮挡作用，形成地层油气藏。地层油气藏属于比较复杂的油气藏。

平行不整合

角度不整合

图 18　不整合现象
1—平行不整合；2—角度不整合

岩性油气藏 这是由于储集层本身和岩石性质或物理性质变化而造成的储油气圈闭。在同一时代的海洋或湖泊中的沉积物质可能会大不相同，在深水处形成的是泥岩，在浅水处则可能是砂岩甚至砾岩；或者是同一种岩层，因为沉积环境不完全相同，而造成物理性质不同。比如都是砂岩，而且同处一层，但可能有的地方渗透性较好而有些地方渗透性又较差。这种现象叫做"岩性变化"或"相变"。在储油层中，岩石物理性质的变化在一定条件下也能形成圈团油气的条件。常见的有岩性尖灭油气藏、透镜状油气藏，等等（图19）。现代化的高精度地震勘探可以识别这类油气藏。

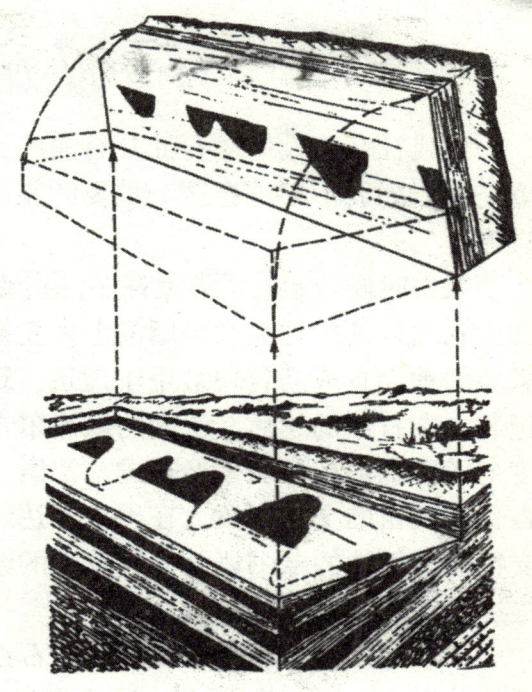

图19　岩性尖灭油藏

古潜山式油气藏 在古代突显于地表的高大山体，经历千万年的风吹雨淋，产生了数不清的缝缝洞洞，后来地壳下沉，它们又被深埋于地下，如果附近有适当的生油岩，它们就像是一块块吸收油气的"大海绵"，形成古潜山式油气藏。我国的渤海湾地区和任丘油田就有许多这类油气藏。

"石油"典话

现代社会，人们对石油及石油产品已经耳熟能详了，但对于究竟是何人如此形象地把这一重要的能源称作"石油"却依然十分感兴趣。

从古时候开始，世界上许多民族就已通过地面油苗发现了石油。在中东地区的伊拉克和伊朗的考古发掘中，人们就发现了属于石油家族的地沥青或沥青曾被用于建筑、筑路、防水、油漆和堵船缝的记载。在日本的越后、法国的佩谢尔布龙、西班牙的加里西亚、印度尼西亚和苏门答腊以及德国、法国、意大利、俄罗斯等地，都有古代油气苗的文字记载。在美索不达米亚、埃及金字塔、墨西哥阿支特克族等地的藏书以及桦树皮上的绘画中，都曾有过关于石油的描述。

中华民族也是最早认识、使用石油的民族之一。我国迄今已发现的关于石油的记载，最早出现在东汉史学家班固（公元32—92年）所著的《汉书·地理志》中。书中写道："高汉，有洧水，可燃"。这里的"高汉"即为现在陕北延安东北一带的地区；"洧水"就是现在为延河支流的清涧河。"可燃"，是指水面上有可以用火点燃的东西。这段记载，距今已有近两千年的历史了。在此之后，我国古代关于石油的记载就更多了。西晋时，张华对古代酒泉郡延寿县的石油从形态、性质到用途都作了详细而客观的描述，他在所著的《博物志》中将石油称为"石漆"。晋代范晔的《后汉书·郡国志》、北魏郦道元的《水经注》、明代李时珍的《本草纲目》中，也都引用或出现了类似的记载。

在人类的文明史上，石油曾被许多国家称为"魔鬼的汗珠"、"普鲁米修士之血"、"发光的水"等。在我国，除了西晋张华把石油称为"石漆"之外，唐代李吉甫在所著《元和郡县图志》中把石油称为"石脂水"。他在书中描述道："玉门县石脂水，在县东南180里，泉有苔，如肥肉，燃之极明。"我国古人还有将石油称为"石脑油"、"猛火油"、"雄黄油"

图 20　我国古代劳动人民打井开采石油和天然气

的（图 20）。

"石油"一词最早见于北宋。现在许多人认为是宋朝的沈括（公元 1031—1095 年）最早提出和使用这个名称的。据考证，沈括晚年，大约公元 1090 年前后所著的《梦溪笔谈》（卷 24）中，不仅使用了"石油"这个词，而且描述了石油的状态、用途等，这是很有科学价值的（图 21）。其实，在此之前，文人李昉（公元 925—996 年）等人编撰的《太平广记》中就已出现了"石油"一词："石油井在延长县北 90 里，井出石油，取者以雉尾挹（意 yì，舀，汲取之意），采入罐中，燃之如麻，多煤烟，为墨雉，更疗疾病。"《太平广记》的编撰工作始于太平兴国二年（公元 977 年），结束于太平兴国六年（公元 981 年），沈括是在此书成书后 50 年才出生的，而他所著的《梦溪笔谈》则是《太平广记》成书以后 100 多年的事了。因此，最先为"石油"命名的人应是我国北宋时的李昉。

人类发现石油的历史虽然很久，但由于科学技术还很不发达，

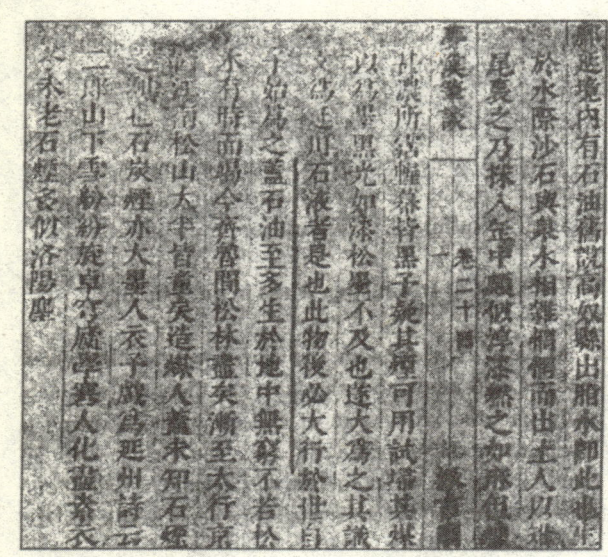

图21　沈括（北宋）《梦溪笔谈·石油条》

不可能对石油进行有效的勘探开发和利用。从19世纪50年代开始，近代石油工业才缓慢地发展起来。但是当时仅仅是从石油中提炼煤油，用来点灯照明，煤油灯曾经是当时世界上最时髦、最明亮的灯。比煤油更轻的汽油，由于容易燃烧和爆炸，当时只能白白地烧掉，这一时期被称为"煤油时代"。

1878年内燃机的出现，1885年汽车问世，它们都需要大量的汽油。随后出现的摩托车、飞机、汽艇等也都需要大量的汽油。这使得以前被大量烧掉的汽油派上了用场，而且还大量需要，迫使人们加大寻找石油的力度、提高汽油的提炼水平，这样就有力地促进了石油工业的发展。

1940年以来，特别是第二次世界大战以后，喷气技术的迅猛发展，使人类进入航空航天时代，喷气机大量取代内燃机，航空煤油取代航空汽油，压燃式柴油机大量使用，对各种燃料油、润滑油的数量和质量的要求都极大地提高。各国争先发展化工工业，而石油产品和天然气是化工工业最优质的化工原料，几乎所有的化工产品都可从石油与天然气中获得。20世纪可以说是石油工业的黄金时代，不仅它本身获得辉煌的发展，而且对人类现代文明也做出了极大的贡献。

一般认为，近代石油工业是从1859年美国人E.L.德雷克在宾西法尼亚州钻成的第一口油井开始的，其后的90多年中，美国的石油产量一直居世界第一，约占该时期世界石油总产量的50%~70%。俄罗斯1863年在沙皇时代开始生产石油，十月革命后，由于油气资源充足和工业化水平高，很快成长为世界产油大国。世界海洋石油的勘探开发是1890年在美国加利福尼亚州的海边开始的。

　　我国的第一口油井是1873年由当时的满清政府从美国雇来的技师和买来的钻机在我国台湾的苗栗出磺坑钻成的，深度只有133.8米，在约90米处见到油流，每天出油750千克。我国大陆地区第一口油井是1907年在陕西省延长油矿钻成的，至今仍在出油（图22）。

图22　中国大陆地区第一口油井

煤能生成石油吗?

煤炭,是人们最熟悉和最"亲切"的能源,从极普通的乡村小灶到大型供热系统,都能见到它的身影。煤炭在我国的能源结构中占到了70%以上,充当极为重要的"角色"。在世界能源市场上,煤炭所占的比例也相当大。

煤在能源结构中占有如此"显赫"的地位,应该会受到人们的喜爱吧。可是,长期以来,石油勘探人员却对在油气勘探中遇到的煤层或含煤地层感到十分恼火。这是因为在很长一段时间里,人们一直认为煤与石油是一对相互对立的"冤家",即成煤环境下不适于生成石油。于是,石油勘探工作者一旦证实自己正在从事勘探的沉积盆地是一个含煤盆地,或者某一个勘探层系属于含煤层系的时候,勘探石油的工作往往不是被终止就是放缓了勘探的速度。

其实,在中外大量的文献中,都曾记载过在开采煤的过程中发现少量石油的消息。但这些现象并未引起石油地质界的重视。含煤盆地或含煤地层与石油无缘的观念束缚了几代石油地质工作者的思想。

人们对自然界的认识是无止境的。20世纪60—80年代,经过几代石油与地矿工作者的努力,终于在澳大利亚、新西兰、加拿大、印度尼西亚等国家相继发现了典型的由煤层或含煤地层形成的油田。

煤为什么可以形成石油而以前又不为石油地质学家所重视呢?从理论上讲,石油主要由水中低等生物(包括浮游植物(藻类)和浮游动物)经过地球化学、生物化学、热变质等作用后形成的;煤炭则主要是由陆生高等植物经过煤化作用形成的。从本质上讲,两者的"母质"都是生物有机质,可以称为"同源"。那么,煤与石油之间会有什么关系吗?

在显微镜下,可以识别出煤中三大类基本有机成分:镜质组(主要源于植物的木质素和纤维素)、惰质组(植物组织经过丝碳化作用形成的富碳成分)和壳质组(植物的孢子、花粉、角质层、木栓质体、基质镜质体等构成的富氢成分）。其中，镜质组和壳质组是生成石油的主要物质。

科技人员经过模拟试验发现，主要存在于树皮之中的高等植物的木栓质体和主要由高等植物的木质纤维组织形成的腐殖质，在温度和压力尚不太高的条件（石油地质学上称之为"低熟阶段"）下，便可以形成石油和天然气，这是地层中主要的产油气阶段。而存在于煤中的一些组分则要在温度和压力进一步增加的条件下才可能生成石油。在荧光显微镜下观察，煤确实形成了石油，在煤块内部的裂纹和孔孔洞洞中，可以看到许多发出强烈荧光的物质，这是煤在排出轻质组分液态烃以后残留下的重质沥青。这种现象证明煤不仅生成了石油，而且还排出了煤层之外。多年的石油地质学与煤岩学研究表明，如果煤中的木栓质体含量达3%以上，就可以成为具有生油能力的油源岩。

由于煤生成的石油的物理和地球化学特征十分明显，所以很容易被识别。煤生成石油以后，重质部分往往会因煤中孔孔洞洞所产生的强大吸附力而被滞存在煤内，轻质部分则相对较容易被排出，所以由煤或含煤地层所形成的石油大多是高品位的轻质油。

然而，由于煤的吸附性较强，而且煤中大量存在微孔隙，使得煤中生成的石油比在岩石中生成的石油更难排出，这也是在全世界范围内有难以计数的煤矿，但却较少有煤成油田的主要原因之一。

我国的煤炭贮藏量极为丰富，多年来的煤产量一直居世界首位。据不完全统计，我国石炭—二叠系、侏罗系和古近—新近系三大主要产煤地层的分布面积占我国陆地面积的1/8。近年来，在新疆吐鲁番—哈密盆地找到的新疆第三大油田——吐哈油田就是一个含煤地层生成石油和形成油藏的实例。

煤不但可以生成石油，更可以生成丰富的天然气。由于甲烷的分子附着力极强，而且煤内的孔隙空间又具有强大的容积，所以与常规的砂岩储层相比，煤的储气量更大，往往可以达到砂岩储层的两倍以上。

根据我国境内已发现的200多个类型不同、面积不等的含煤盆地的推算，埋藏深度小于 2000 米的煤炭资源量可达 5.0882 万亿吨，如果按每吨煤平均含气 7.14 立方米计算，由煤产生的天然气资源量可达 33.6 万亿立方米，约合 159.6 亿吨可采原油。

当然，在国内外的研究人员中，也有对煤成油持断然否定态度的。在我国石油地质界比较公认的观点是：煤可以生成石油，但要形成具有工业意义的大油藏，主要贡献者应该是夹在煤层之间的那些富含有机质的泥质岩，即含煤岩系。

人类可以造出石油吗？

对于这个问题，答案是肯定的。而且，人造（人工合成）石油的研究几乎是与天然石油的工业开发同步开展的。从20世纪初开始，人类一方面日益加强对地下石油的勘探开采，另一方面也在锲而不舍地寻找人造石油的有效途径。尤其是那些缺乏天然石油资源的国家，对人工合成石油的研究特别有兴趣。

在众多的发明专利中，由德国化学家弗·费希尔（Fischer）和汉斯·托罗普希（Tropsch）于1923年创立的弗—托合成法已经受了历史的考验，是目前依然在使用的人工合成石油方法。在第二次世界大战期间，德国的科技人员用这种方法实现了每年为法西斯德国提供100万吨合成油的创举。1955年此法传入南非，目前南非的合成能力已高达650万吨/年。

弗—托合成法是以氢和一氧化碳（或二氧化碳）为原料，在以铁为催化剂的作用下合成烃类。它的化学反应机理类似于植物的光合作用，即通过一氧化碳（或二氧化碳）的催化加氢作用和还原聚合作用形成有机化合物。

日本最近研究出了一种把海水转变为石油的方法。他们发明的方法有七道工序：①制备含碳元素的有机碳化物；②制备碳化物（碳与电负性比自己小的金属元素结合成的二元化合物）；③制造有机碳素物质；④制造有机铅物质（含铅的有机碳化合物）；⑤人工石油原料；⑥粗制的人工石油原料；⑦提纯人工石油产品。

这种方法的优点是价廉，原料来源极为丰富，制成的油料适用于汽车的发动机等，无疑，这是一种意义重大的方法。

不久前，美国太平洋西北巴特尔实验室提出了一种利用污泥制造石油的简易方法。他们先把下水道和河道中的污泥进行浓缩，至少使其体积减少到以前的20%。然后加入强碱，在加压的条件下，把这种污泥与强碱的混合物转化成石油类物质，然后再加工成燃料油。

加拿大和德国的科学家们发明的"低温转变法"也能把污泥转化为石油物质。这种制造过程还能得到30%浓度的昂贵的脂肪酸。这是一种成本低且有利于环保的方法,已引起许多国家工业部门的重视。试想一下,一旦那遍布全球、取之不尽、用之不竭的污泥经过工艺处理,可以变为宝贵的石油,该是一件令人多么激动的事情啊!

近代地球化学研究已经证实,藻类是生成石油的重要物质,所以从理论上讲,含有丰富油脂的藻类是可以用来制造石油的。美国太阳能研究所的科研人员就研制成功了这种技术。用此法生产出的石油主要成分是汽油。它是将藻类通过裂化和酪基转移反应转化为汽油及其他油类。这是一种比较昂贵的制造石油技术,有人在20世纪90年代后期曾估计用这种方法制成的汽油价格可高达近500美元/吨。

生物化学专家估计,每克小球藻可以提供22千焦耳的能量。因此,随着科学技术与工艺水平的提高,开发利用藻类能源有着十分广阔的前景。

在广大的农村地区,人们大多把木材或草木、庄稼秆之类的植物纤维素直接燃烧,这不但热值不高,利用率低,而且污染环境。人们在想方设法提高这类物质的利用率时,发现可以用它来制造石油。

20世纪90年代初,英国科学家通过发酵加工并结合一些化学方法,将新鲜的青草等植物纤维素转化为燃料油。巴西人已经用发酵的方法从甘蔗中获得了燃料,大约可以从1吨甘蔗中产生65升纯度达96%的酒精和其他燃料油。

在我国广东省的茂名和东北的抚顺,人们早已开展了在高温、高压催化剂的条件下,从富含有机质的黑褐色油页岩中提取石油的方法,这也应属于一种人工制造石油的方法。

从目前已经实现的方法来看,我国制造石油的原料十分丰富,价格低廉,这些方法对于缓解我国能源紧张局面无疑将会发挥重要的作用。

除此之外，人造石油还有一个重要而丰富的物质来源——煤炭。在 400℃ 高温和 50~300 大气压下，将煤粉与氢气混合，经过化学反应之后，煤粉几乎能完全变成液态的人工合成石油。这种合成石油与天然石油没有多大的区别。这就从理论与实践上证实了人造石油的可能性。

许多国家都十分重视用煤炭生产石油，早在 20 世纪 30 年代，苏联就开始研究煤炭的加氢反应，苏联学者还采用了先将煤气化，然后在有催化剂存在的情况下使煤气液化成油的方法。在 80 年代后期，欧洲国家用煤炭合成石油的成本要比当时天然石油的成本高 0.5 倍，但若改进工艺、扩大生产，二者则有望持平。

国际能源专家认为，石油在现代化大规模企业中的用途与用量都在不断增长，依靠蕴藏量极为丰富的煤炭作原料扩大液体燃料生产应该是适宜的。有的专家甚至估计，到 21 世纪中叶，煤造石油也许将取代天然石油，当然这种"取代"的速度也将取决于石油探明储量的增加速度、现代化工技术的发展以及全球国际政治格局的变革等因素。

敢问油气何处有

从前面的故事可以知道，石油的"故乡"是沉积盆地，"安家落户"的地方是储油构造。而地壳的运动从来没有停止过，在漫长的地质岁月中，海洋变成了陆地，湖盆变成了高山，远古时期的地理面貌和位置都发生了翻天覆地的变化。油气田深埋在地下，人们怎样找到它们呢？

经过上百年的探索，人们创造出各种找油气的方法。但绝大多数是在沉积盆地中进行的，可以说，各种各样的沉积盆地是找油、找气的首选目的地。

盆地，顾名思义，一般是指四周环山的……

揭开盆地的秘密

盆地，顾名思义，一般是指四周环山的低地，比如著名的四川盆地、准噶尔盆地等等（图23）。但有的地区，比如我国的华北大平原，虽然现在是一马平川，地面没有"盆"的面貌，而地下却是一个大盆地。另外，地球上还有一些被海水淹没着的盆地。

石油和天然气都与沉积盆地有着密切的关系。国内外很多沉积盆地里都找到了石油。一个沉积盆地的面积从几千到几万、几十万平方千米，一望无际，怎么入手开展油气勘探呢？认识盆地就显得十分重要。

图23　塔里木盆地遥感图

沉积盆地都是由下部的盆底（又称基底，是由古老的火成岩、变质岩等构成的）和部分没有变质的沉积盖层组成的。

在进行油气勘探时，揭开盆地的秘密主要可以分为三个步骤：

首先，了解盆地的性质。从搞清盆地的基底情况入手，主要是用重力勘探和磁力勘探的方法，认识盆地基底起伏、基底岩性、基

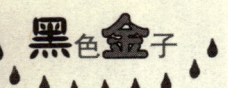

底时代和发展历史等等。

从一个沉积盆地的产生和发展来看，盆地基本上可以分为两种类型，一种是坳陷盆地，它一般是中间坳、向四周逐渐隆起的一个比较完整的盆地；另一种是断陷盆地，它受断裂活动的影响较大，断裂一侧有较大的厚度，一般是窄而深的盆地。根据重、磁力勘探结果，就可以初步确定盆地的性质。

第二步就要了解盆地内部的情况。在自然界中，盆地基底起伏使盆地内部的结构构造复杂化了。观察、分析盆地周边出露的岩层并与重、磁力勘探成果对比，可以推测盆地内部沉积岩的岩性、厚度、时代。

石油地质科技人员关心的问题主要集中在盆地里有什么样的地层？有没有生油层、储油层？盆地内部哪儿有背斜？哪儿有断裂？

第三步就要去发现、认识石油地质特征。首先要找到沉积岩层中能够生成石油的岩层，即生油层（或叫烃源岩）。实践证明，黑色、灰绿色、褐色等暗色泥岩是由湖泊或海洋中富含有机质的淤泥形成的，是盆地中的主力生油岩层。

无疑，生油层内所含的有机质越丰富，厚度和面积越大，生油量也就越大。通过一个盆地的生油层体积大小和质量的优劣，就可以大体上估算过去可能生出多少油。

然后，要了解一个盆地内储油层的分布情况、性质如何（孔隙、裂缝的发育情况）、厚度多大，特别要注意储油层与生油层的关系，储油层是在生油层附近，还是远离生油层。那些在生油层附近的储油层是主要的钻探目的层。

最后，还要了解有没有储油的"圈闭"。目前先进的地震勘探和计算机地质解释工作可以清楚地判识地下的地质构造，区分出构造圈闭、地层圈闭以及复合圈闭等等。虽然一个油气田的形成还需要一些其他条件，但主要是以上三个方面的问题。

只要一个盆地具备了生油层、储油层，又有圈闭存在，而且生油的地温适当，就可以认为，在这个盆地中可能找到油气田。

以往的石油地质学理论认为，面积小于 500 平方千米的盆地是不可能形成有工业价值的油气田的。但油气勘探的实践却对此提出了反论。我国西南部的滇黔桂地区，就在面积仅70平方千米的景谷盆地和陆良盆地中找到了丰富的石油和天然气，并已进行了多年的工业开采。

从天到地寻"黑金"

航天航空测"异常"

在盆地勘探的初期,首先要研究该地区的卫星相片,从中可以发现一些有价值的盆地,尤其是在地面不容易发现的盆地,这些是古老的盆地经过长期的剥蚀、沉积作用后被近代黄土等覆盖"隐藏"的盆地。然后就该动用飞机,在天上进行当地的重力和磁力等测量(图24)。

图24 航空重、磁力测量勘探法

重力测量可以研究地壳深部的地质构造,发现地下深处岩石的起伏和岩性变化,圈定地下火成岩的分布情况,研究有无深大断裂的存在,然后评价油气田是否存在。利用重力测量的结果可以直接寻找储存石油和天然气的构造,接着进行含油气的评价。

地球有磁场,这是人们都知道的。地层、岩石、矿物也是含有磁性的,而且根据岩石的性质不同而变化。磁力的测量目的主要是圈定地下的岩石层中是否存在火成岩,以及岩石性质的变化等。

这些地球重力和磁力测量勘探在寻找含油气远景和圈定有利的油气带方面的效果是公认的。在我国各大油田的发现中有着不可磨灭的功绩。比如在内蒙古地区的二连盆地,西北地区的吐鲁番—哈密盆地等,利用重、磁力勘探迅速搞清了这些盆地复杂的区域构造面貌，节省了大量的时间和资金。

地面地质调查

这是寻找石油和天然气最基本、最常见的方法，也是最传统的方法。在很早以前，人们寻找石油就是在有油气苗的地方或附近打井（图25），有时也找到一些油气田，但失败的经历更多。因为油气苗不是寻找油气田的唯一标志，有的油气藏和地面的油气苗并没有直接关系。

地面地质调查法，就是地质勘探人员带着地质锤、罗盘、帐篷等简单的工具和行装，在野外直接观察天然的岩石层面

图25 新疆克拉玛依的黑油山

（叫做"露头"），了解地层的沉积特点和构造特征，同时采集岩石样品，收集地质资料，以便查明石油天然气生成和聚集的有利地带，直至找到它们。地质人员把野外观察称为"看无字地书"——观察远古时期留下的地质信息（图26）。

在一个从前没有勘探过的新区，地质调查一般分为普查、详查和细测等三个步骤。任何一个新区，都要进行普查，要调查了解这些地区的地层分布、地层的时代、生油和储油的条件等，大量收集岩石样品和各种地质资料，把最新的认识

图26 地质人员在看"无字地书"

标注在地质图上。

随着科技的进步，现在已经基本上可以航空照相甚至卫星相片代替普查的一些工作了，地质人员在地面开展工作之前，就可以从这些相片上了解当地的初步地质情况，不仅加快了找油速度，还能提高精度。

经过普查，筛选出比较有利于油气聚集的地区进行详查工作，其主要任务是进一步查明和选出有利油气聚集的储油构造。对有利的岩石层、构造等进行详细的研究和室内的样品分析等工作。

在查明储油构造的基础上，就该进行石油地质的细测了，要精确地编制地质构造图和地层柱状图（就是把地层从新（上）到老（下）像一根柱子一样地表现出来）。细测是地质调查的最后一步，其质量的好坏和速度的快慢直接影响到下一步找油气。

在细测之后甚至同时，就该进行地震勘探了（图27）。

这种技术是用人工爆炸的方法产生地震波，当地震波内爆炸点向地下深处传播时，在岩石密度明显变化的分界面上，就产生反射（或折射）波，由于界面深度、形状（如断裂）不同，反射（或折射）波返回地面的时间就不同（图28）。利用地震勘探仪器把反射（或折射）波记录下来，通过电子计算机处理、绘图，作出地质解释，就可以知道各个反射层、折射层的深度、地层形态、断裂分布等。

勘探初期，一般只要做几条、几十条穿过盆地的地震勘探大剖面，便可大体知道盆地中地层厚度变化、构造形态，进而分析出盆地的历史演化过程。

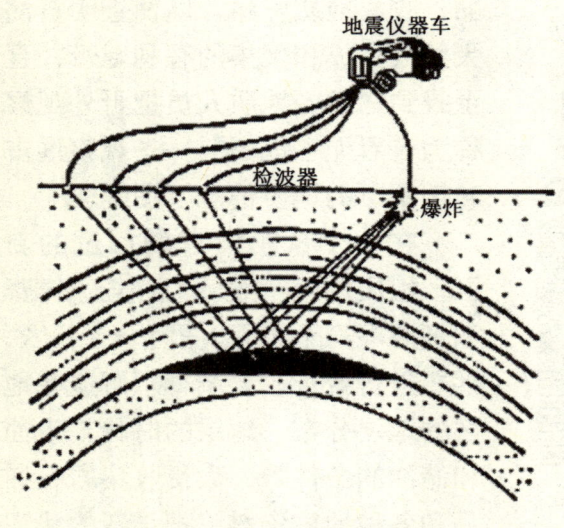

图27　地震勘探示意图

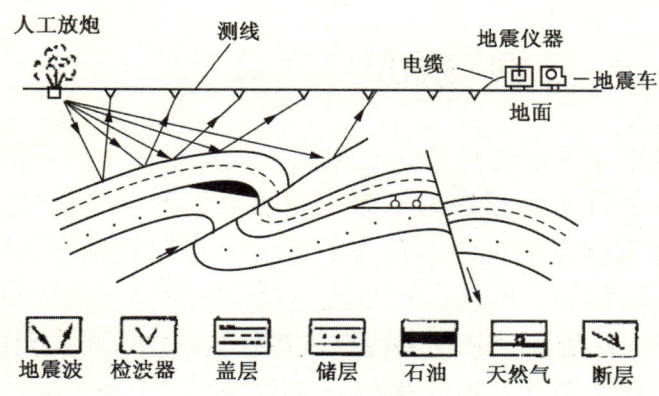

图28　地震资料野外采集

地球物理勘探虽然可以揭示一些盆地内部的情况，但毕竟是间接性的认识，而且常常有一定的推断性和多解性。对于有没有生油层、储油层及油气存在的必要条件等一些重大地质问题，还不能给以肯定的回答。要搞清这些问题就必须钻井，取得第一手资料。

要真正了解盆地深部的地层和岩性，就要钻深探井，取得各项地质资料，这种调查盆地全貌的少数几口深探井，以前叫基准井，现在由于使用了大量的新技术和高科技手段，所以有人又称之为科学探索井。深探井的分布要照顾全局，尽量使它们分布在盆地的不同部位。原则上这些深探井要求尽量钻穿全部沉积地层。通过钻井，对所钻全井地层剖面中沉积岩层顺序、时代、岩性、基岩状况有全面了解，对生油层、储油层的情况有了大致的了解和认识。

间接找油与直接找油

石油是地球发展的产物,它和天然气都是流体,不同于煤和其他金属矿床。油气可以在地下岩层中流动,所以石油生成的地方,不一定就是它储藏的地方。油气田是油气在地质发展过程中生成、运移、聚集的结果。所以,找油就是应用各种必要的和可能的侦察手段,认识地质构造及其发展特点,达到找到油气田的目的。

首先,是要揭开盆地的秘密,选准找油的主攻方向。前面已经讲到了认识盆地的主要方法和原理,那么,在辽阔的草原、人迹罕至的大漠戈壁滩,甚至在茫茫的大海上,是怎样把石油找出来的呢?

是不是有什么神秘的"武器",像传说中的"穿山镜"一类,只要拿来一照,就能"一眼看穿"地层,找到地下的石油呢?不是的。自从两千多年前古代劳动人民认识了石油的可燃性以来,特别是近100多年的现代石油工业史开始以后,人们反复探索,已掌握了许多种认识地下情况、寻找石油的方法,大体可以分为间接找油与直接找油两大类。

在间接找油方法中,应用得最广、发展得最快、现代科学技术含量最多的当数地震勘探,它素有"石油勘探尖兵"之称。在认识了一个盆地的基本地质结构之后,要选准有利的含油地区作为主攻对象,就要靠地震勘探较可靠地查明地下构造情况,确定钻探位置,以使用较少的探井拿下更多的含油面积,提高探井成功率。

我国的大庆油田、胜利油田、大港油田、塔里木盆地中的轮南油田、克拉2大气田等都是较成功地用地震勘探方法找出来的。不仅如此,地震勘探还为这些大油气田的开发提供了可靠的依据。

地震勘探方法就是通过人工的方法引起地壳震动,并利用这种人工震动产生的地震波在地层内传播的特点来研究地层的起伏,从而寻找聚集石油、天然气的有利储集构造。

地震勘探就好像是医生用来给人诊断病情的X光透射机来给地壳进行"透视",从而了解地下的情况。地震勘探中的"X射线"就

是地震波，它的工作原理我们在前面已经讲过了。

这种间接找油法虽然是目前勘探的主要手段，而且勘探的精度不断地提高，但它存在一个致命的弱点：只能证明地下是否存在能够储存油气的地质构造而无法证实里面是否含有油气。为了解决这一难题，人们又发展出了许多直接找油的方法，其中用得最多、最有效果的是地表化学勘探法（图29）。

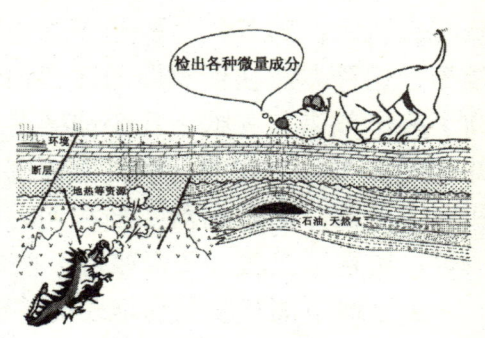

图29　地表化探

油气埋藏于地下深处，与地表之间存在不同的压力差，因此，油藏中的油气常常沿着地下岩层中的断裂和裂缝向地表扩散、渗透到地表。国内外研究结果表明，除了肉眼可见的地表油气苗之外，85%以上的油气藏上方都存在着地下烃类扩散的"蚀变晕"（化学物质异常区）。用化学和物理方法来检测这类"蚀变晕"，就可进一步查明地下可能存在的油藏，这就是"直接找油法"的基础。

从20世纪50年代开始，原苏联、美国、德国等国家就开始进行地表化探、细菌法和放射性法直接找油。我国从80年代中期开展这项工作（图30）。

地表化探的主要分析对象是土壤。为了避免表层土壤中生物的干扰，土壤采样的深度已从当初的0.5~1米发展到20世纪70年代的1~2米，80年代的5米，到近期的50~450米（俄罗斯）和10~450米（美国）。这样采样分析的结果准确度高，可以有效地判断地下深处是否有油气扩散。

图30　野外地表化探取样

由于石油的成分十分复杂，所

以它们运移到地表形成的烃类（碳氢化合物——油气的主要成分）的成分也很复杂。常用的地表化探方法就是测量土壤中烃类气体、硫酸盐、汞、碘等，分析地下水中的苯、酚、沥青质、有机质的含量等。这种方法在俄罗斯的西西伯利亚、滨里海和伏尔加地区都见到了突出效果。美国十几个地区用这种直接找油法确定钻井的见油井达到了59%。我国的油气勘探部门在内蒙古二连盆地的额吉诺尔和白音木都、山东东营凹陷和句容凹陷、陕甘宁地区的鄂尔多斯盆地等，用直接找油方法都取得了很好的效果。

由于地下油气渗漏到地表的"蚀变晕"面积大多扩散得比较大，我国的石油地质工作者用飞机装载上仪器及利用卫星相片进行直接找油勘探，主要研究了渗透在地表的烃类物质的各种光谱特征。目前已经证实，在新疆北部和南部地区出现的斑点状为已知的含油区；环状、半环状为背斜或鼻状构造形成的烃类微渗透异常；带状为受大断层控制的微渗透通道；块状推测为岩性圈闭类型的地面反映。

石油中大多含有少量的放射性物质，也有专门以石油中的烃类物质为食的细菌，因此，这两项内容也成为地表化探直接找油的研究重点。

与地震勘探等间接找油方法相比，地表化探这类直接找油方法更为直观、定性更准确，在国内外的大范围荒漠地区和海洋石油勘探中发挥着越来越重要的作用，并取得了很大的成功。

但是，直接找油方法也存在着两个致命的缺陷：首先，分散在地表土壤层中的烃类物质的确是油藏中石油向上扩散的产物，但是它们只能证明地下曾经存在过油藏，却无法证明地下的油藏现在是否还存在，是否已被破坏了。此外，从油藏向上的扩散不一定是垂直方向的，大多是沿着地层中的断裂发生的，所以，地表的"蚀变晕"很可能不在油藏的正上方，有的甚至可能偏出上百米甚至几千米去。因此，世界各国的石油勘探一方面将直接与间接找油的方法结合起来，一方面还在深入地探讨油藏渗漏的机理和产物，以及正确地判识这类产物的技术方法、标准，去伪存真，力求以较少的资金找到更多的油气资源。

石油是怎样采出来的？

经过了大量的勘探研究，一旦确定油气田有工业开采价值，就要进行开发、采出石油的工作。

要使石油和天然气流到地表，首先要打好钻井。经过地质勘探和开发人员的艰苦劳动和研究，找到了地下的油气藏，确定了打井的位置、数量和深度，钻井工人就要在定好的井位上钻井。

目前常用的钻井技术是转盘（旋转）钻井。它由一套地面设备（包括钻机、井架）和一套提升系统及钻杆、钻具和钻头等组成。通过提升系统将钻具提起、放下，靠转盘转动带动钻具转动，再转动钻头破碎岩石。被破碎的岩石碎屑被泥浆泵带入井内的泥浆循环再带到地面。钻头磨损了，就再将钻具提上来，更换新钻头，放入井底再次钻进，直至目的层（图31）。这是目前世界上使用得最广泛的钻井方法。

在钻进的过程中，要及时地在钻孔中安置一根叫套管的钢管，并用水泥封固在通道井壁上，防止地层坍塌。套管的口

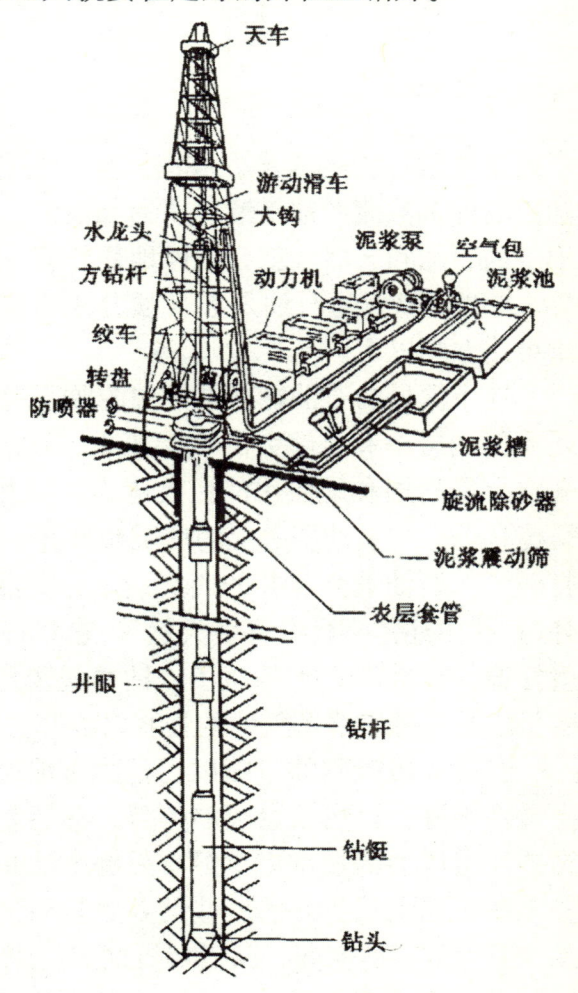

图31　转盘旋转钻井示意图

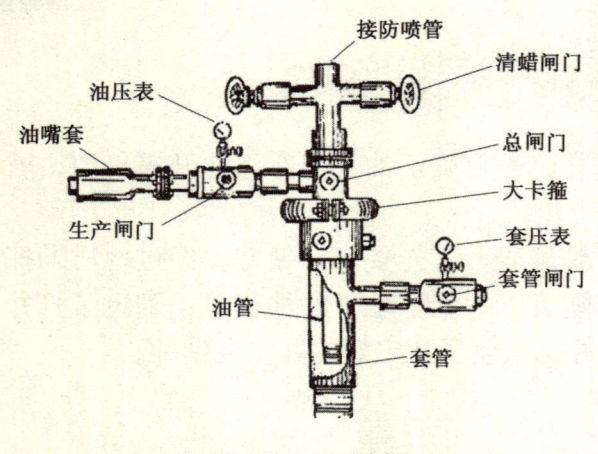

图 32　采油树

径向下逐渐变细，在套管中间再下一根引油钢管，叫油管。地面井口上还要安装一套井口设备，上面布满了各种压力阀门和各个方向的管线，很像一棵树，所以人们叫它"采油树"（图32）。

是否能把原油从地下采到地面来，还取决于地下油层压力的大小。我国大庆、胜利、辽河、塔里木、大港等油田的许多油藏的地下油层压力都很大，只要一打开采油树的闸门，地下的石油和天然气就会不停地往外喷，这就是"自喷井"。现在世界上60%~72%的石油是靠自喷井采出来的。有的自喷井最高日产量可达万吨以上。

地下深处的石油能从钻井中源源不断地喷出，除了充足的油源，还要使油层中有足够大的地层压力。石油原来所埋藏的地层深处有来自上覆岩层和地层水的巨大压力。钻井打开油层之前，压力处于平衡状态。一旦油层之上的地层被打开一条"烟囱"，这种平衡就被打破了，石油就会从井的四周向压力突然降低的油井底部流动。另外，石油中还常常含有许多天然气，它和石油在地层中几乎密不可分，就好像一个装满汽水的瓶子，钻井就像是打开了汽水瓶的盖子，油层里的石油随着溶解气体的膨胀，先涌向井孔，然后由井筒喷出井口。

经过一段时间的自喷以后，由于地层压力降低，油井的喷力就会慢慢下降，以后就会喷喷停停，最后就无法自喷了。目前国内外维持油层压力的最常用也最有效的方法是"以水驱油"的注水开采法，就是把水从另外的一些钻井中打到油层下面，用水补充由于石油开采而留下的空间，从而保持地层的压力，这是使油井顺利产油、保持自喷的关键。我国大庆油田采取的早期内部注水开发措施，使油层压力长期保持不变（图 33）。有的开发区虽已开采了 20 余年，油层压力不但未下降，还有上升的趋势，使油田的开发达到了国际先进水平。

有的油田从刚一开始采油就无法自喷。造成这种现象的原因有多种，比如地下油层压力不足、原油油质较重形成了难以流动的"稠油"等等。这类油田的采油多采用"抽油法"，也叫深井泵采油法（图 34）。目前，世界上大约 90% 以上的无法自喷的油田是采用抽油法开采的。深井泵是放在油井里的一种活塞泵，通过抽油机的抽吸，把井底原油抽到地面上来。

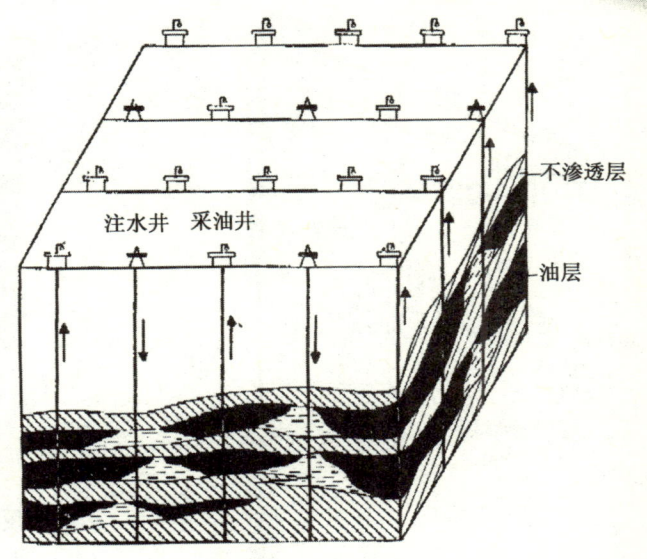

图 33　注水开发

地下油层的储集性能，比如含油孔隙的连通程度、渗透性能等同样是控制油井和注水井生产能力的重要因素。当然，也可以采取人工方法改善这些性能，主要是物理法和化学法。

从原理上讲，对于坚硬的地层可以用炸药甚至核爆炸来增加油层内裂缝，促使石油大量流到井筒里，但这种方法有一定的危险性，炸药用量也不好掌握。目前常用的是在地面利用加压设备压裂油层，并增加油层中裂缝的数目，同时，在压裂液中加入直径相等的砂子，用砂粒撑住裂缝不再合拢。这样，石油就会源源不断地从打通的通道中涌向井筒，再喷到地面上来。这种方法称为"压裂法"。

化学方法相对比较简单一些，在摸清了井下地层的胶结物性质之后，向油井的地层中注入盐酸溶液，溶解堵塞了油层的含钙等物质，打通石油流通的通道，这种方法就称为"酸化法"。在石油开采的过

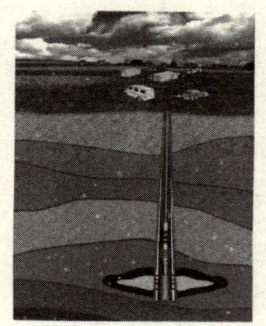

图 35　酸化压裂作业

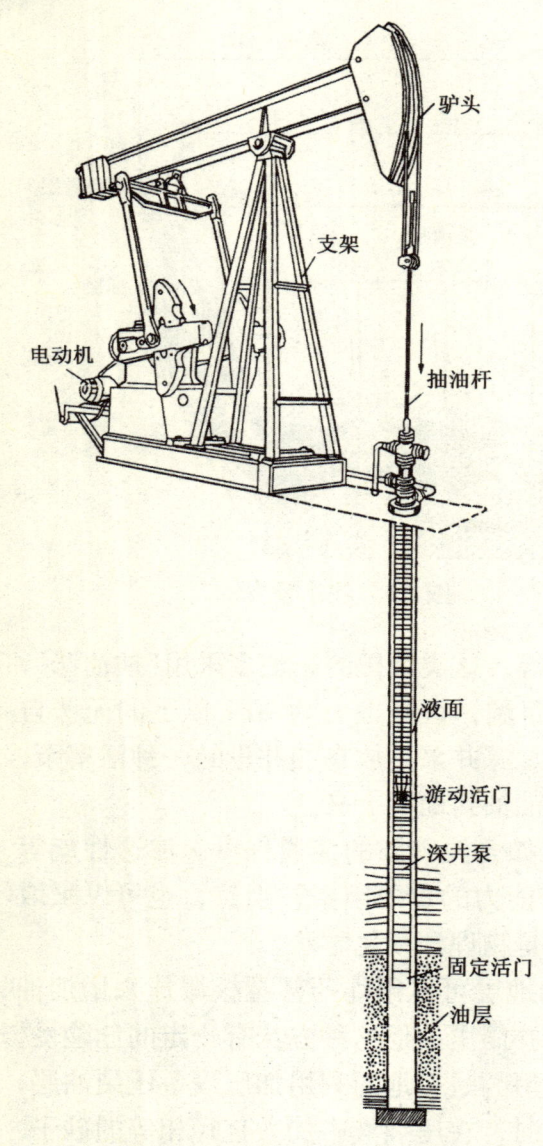

图 34　抽油机抽油示意图

程中，有时会同时使用压裂法和酸化法，力争采到更多的石油（图 35）。

到了油田开发的后期，当地下的原油所剩不多的时候，为了采出残留在油层中的石油，还要采用二次采油法甚至三次采油法，比如往油层中注入加热的二氧化碳或用火烧油层，以提高石油的采出量。

海洋采油比陆地采油不但难度大而且成本也高，目前主要有 4 种采油的方式：从海岸陆地上打斜井，钻至海底油层，目前最远的可深入海中 3 千米以上；在海中建造人工岛，在岛上钻井采油。这是两种适用于海水深度在 10 米左右的浅水区。第三种是海上钻井平台采油，即在海上建造一个钢筋结构或钢筋混凝土结构的固定平台，用定向钻井法在平台上钻井，同时可以采用多口采油井，还可以用浮动式钻井船打井、采油。第四种是利用近年来潜水工具的改进与计算机相结合而发展起来的海底采油装置进行采油,这是一种较为安全,但技术复杂、难度较大的方法。

奇妙的细菌采油技术

当一个油田的原油经过一段时间的开采,地层压力下降或者由于石油的特殊性质等原因导致油层中的石油难以被采到地面上来时,人们就会采用注水、注蒸汽等方法尽量多采出石油来,除此之外还有什么能够提高原油产量的技术手段吗?细菌采油技术就是科学家们在20世纪后半叶发展出的一种新型采油技术。

人们经过实验发现,在注水油田的钻井和开采石油的过程中,油层中的两大类主要细菌——喜氧菌与厌氧菌就开始了发育繁殖,而促进这种繁殖的主要因素是含油的地层中具有这种菌类所需要的营养物质(包括碳氢化合物、蛋白质、脂肪等),以及油层内适宜的温度、压力、酸碱度(pH值)、含盐量等条件。这类细菌的发育繁殖程度主要取决于油藏内的油/水界面、碳质来源与能源的供给。

这些细菌具有分解石油烃的能力。起初,主要由喜氧细菌起作用,使烃类物质和糖等分解,并将其改造、加工成自己的细胞成分,与此同时,细菌还向四周放出自己代谢产生的气体(有H_2、CH_4、CO_2、H_2S和N_2等)、低分子有机酸(甲酸、乙酸、丙酸、戊酸)、溶剂(酮、醛、醇)、高分子化合物(蛋白质、多糖)等等。到了后期,则主要由厌氧细菌起作用。

这些由细菌完成的复杂的生物化学过程是无法用肉眼看到的,但作用的结果却是显而易见:细菌能分解油内各种烃类组分,这些被分解后的烃分子量减少,进而会降低粘度,易于流动,使其开采量明显增加。

此外,当地层水中含有细菌所需要的糖、酸、醇、蛋白质等营养物质时,细菌消耗之后就能放出大量的CO_2、N_2、H_2、CH_4和

H_2S 等气体。这些气体溶于油会使其粘度下降，溶于水可使水的 pH 值下降，即使不溶解也会使油藏处于"充气"状态，增加地层能量，这些都可大大促进地层中原油的采出。

与此同时，细菌作用产生的物质可形成丰富的碳酸、甲酸、乙酸、丁酸、乳酸等，它们与岩石内碳酸钙、碳酸镁等作用生成溶解性碳酸盐，从而提高储层孔隙度和渗透率。

在细菌分解烃类物质的同时，还可生成表面活性剂，从而降低油水界面张力，使吸附于岩石孔隙表面的油膜脱落。而且，所生成的表面活性剂在油层孔隙里又形成泡沫，进而降低了 CO_2 浓度，有利于石油的开采。

经过几十年的摸索与探讨，科学家们已经认识到，用于开采石油的细菌也是有严格要求的，所选菌种必须能很好地适应试验油层环境，在其所喜爱的培养基中迅速发育、繁殖，在试验层中有效地分解烃类而产生有助于原油开采的生化物质，并在使用过程中不污染环境，而且对于培养基液和注入地层的工艺无苛刻的要求等。菌种的培养也应分成不同的类型：如用厌氧菌产生表面活性剂、溶剂和 CO_2，起到驱油作用；用芽孢梭菌属、假单胞菌、黄单胞菌属等杆状菌类产生生物聚合物、生物稠化剂、乳化液，以起到封堵高渗透层和调节地下流体流动速率和驱油面的作用。

采用细菌开采的油藏也有一定的要求：油藏的油层要达到相当的含水程度，以适应大面积油水接触面的需要；地层水和注入水内不能含有过多的硫酸盐，否则用于减少硫酸盐的细菌用量就须加大投入，增加成本；地层温度不得高于 40℃；油层应为高渗透性的，以便于细菌在层内扩散，地层水的矿化度较低，每升水不应超过 80~100 克阳离子。

目前世界各国大多采用在每个油藏选 1 口注入井配 4~15 口采油井组成一个细菌采油实验单元，也有采用多口注入井方案的。

一旦取得实验数据，即可投入大规模现场开采试验。

在世界主要产油国中，原苏联于 20 世纪 50 年代后期开始注入厌氧菌提高采收率试验，至 1975 年，在巴什基里亚的阿尔兰油田实验结果表明，利用细菌采油的最终采收率可提高12%~18%。

美国从20世纪70年代开始大规模实施这类实验，在阿肯色州开发末期油田的一口井中注入糖蜜和菌种，使得该油区19口采油井增产达1倍以上。美国国家石油委员会公布的资料表明，到1995年，全美细菌采油所增加的原油产量达437万立方米，而用物理化学方法所增产原油仅为230万立方米。

我国一些大中型油田从20世纪90年代中期也开始了细菌采油实验，取得了可喜的成果。世界各大油公司都认识到这一极有前景的采油方法，大多数实验现场都由独立公司或企业进行，对所用菌种和试验资料严加保密，力求独统这一新兴技术的发展领域和应用市场。

以"点"带"面"的丛式钻井

20世纪70年代之前近百年的现代石油工业发展中，人们虽经多次革新工艺，但一直沿用每次在原地打一口钻井的传统方式钻探各种探井、油井、注水井等，到了70年代中期，一项新型钻井工艺终于崭露头角——丛式钻井。这种钻井工艺是在海上一个钻井平台或者陆地上一个井场打多口井，井口距离仅有2~5米，打下去的钻井如同丛林一般。

丛式钻井一般仅打少量直井，多为定向斜井（图36）。开始钻井时，先打一段垂直井段，钻到一定深度时，按照工程设计，井段开始倾斜，利用特制的斜向器或其他造斜工具产生斜向力，使钻

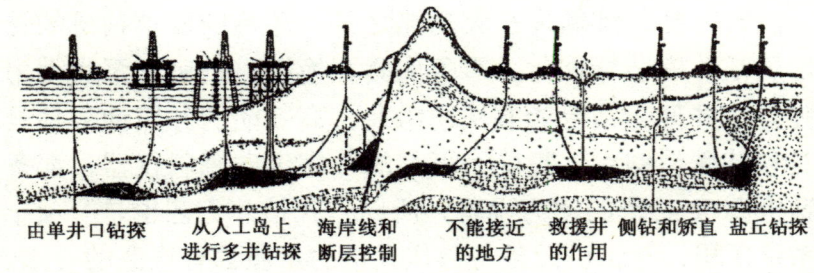

由单井口钻探　从人工岛上进行多井钻探　海岸线和断层控制　不能接近的地方　救援井的作用　侧钻和矫直　盐丘钻探

图36　定向钻井的作用

斜向下钻，钻到一定深度后井底就可以与原来的垂直井段成较大距离的位移了。丛式钻井使沿用几十年的转盘旋转钻井工艺发展到一个新的水平。

丛式钻井一出现就具备了明显的优点：第一，它使得油田钻井工艺更加完善。在油田勘探中，一旦发生重大的井下落钻具等重大事故或者井喷起火事故，就会延误工期甚至造成钻进中的井报废，导致极大的浪费。丛式钻井就可以充当处理事故的救援井和补充井的角色。大庆油田勘探中曾有一口油井发生井喷，多次处理仍无法制服。工程技术人员就以这口井为中心，在相距几十米远的两条对角线顶点上又打了四口定向斜井，使其钻穿的地层与井喷的地层连通，然后在这四口井中同时用高压打入水泥浆，最后终于压住了井喷。

在钻井勘探中，往往会遇到地下有良好的储油构造的地表是河流、湖泊或良田的情况，或者在老油田钻加密井遇到地面有建筑物时都可以采用打丛式井的办法来节省资金、提高效率。

第二，可以有效地节省钻井成本、加快油田勘探开发速度。在打丛式钻井时，原来的井场布置并不需要做大的改动，只需移动钻台底座，调整部分传动设备，就可以快速安装，迅速开钻。这样就可极大地提高钻机的利用率，尤其是在海上油气勘探开发的钻井中，这种节约效果更加明显。而且，老井的钻井液可以重复使用，又可节约钻井液材料的成本。第三，丛式钻井便于完井后油井的集中管理，减少集输流程，大大节省人力、物力和财力的投入。所以丛式钻井所产生的经济效益是十分可视的。

丛式钻井工艺对钻井设备的要求，除了普通钻井工艺所具有的提升、旋转、钻井液循环三大功能之外，还特别要求钻机的传动设备布局灵活、安装标准化、零配件具互换性，机房和泵房动力设备各自独立，井架与钻台能够快速组装，高效能的井底动力钻具、造斜工具和特殊钻钻头，精确而可靠的井底定向测斜仪器，配备大于常规钻机 20% 功率的动力设备。所以丛式钻井工艺也是一项十分复杂的系统工程，对钻机设备与操作人员的素质都有很高的要求。

目前，世界上钻丛式井技术较高的是美国，美国工程技术人员曾在加利福尼亚州圣巴巴拉海峡的一艘钻井船式平台上向四周打了96口井（图37），原苏联在陆地油田一个井场上也曾创下向四周打出30口丛式井的记录。

我国从20世纪50年代末期开始了定向斜井的研究，四川、中原、大港、胜利等油田都先后打成过最大井斜达90°、水平位移达1914.52米的定向斜井，

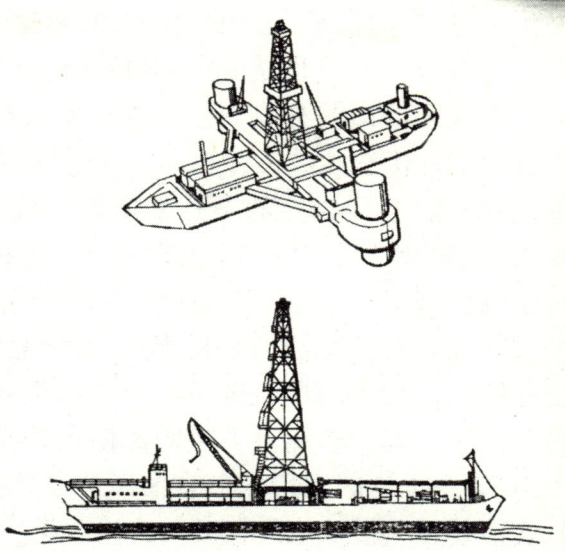

图37　钻井船

为丛式钻井工艺积累了丰富的经验。从20世纪80年代中后期开始，我国大多数油田都能开展丛式钻井工艺。在海上油气勘探开发中，应用得更多。渤海石油钻井平台在渤中13井井位创下了向四周钻出12口丛式井的国内海上丛式钻井记录（图38）。胜利油田在河50断块设计了一组43口井的丛式钻井组，创下了我国丛式井数之最。

属于我国辽河油田的沈阳油田含油面积达92.5平方千米，地质储量1.9亿吨，油质极好，是我国最大的高凝油田，也是第一个全部采用丛式钻井开发的油田。该油田共建了105个丛式钻井平台，其中"七五"国家重点科技攻关项目——安12块10号平台创下了向四周

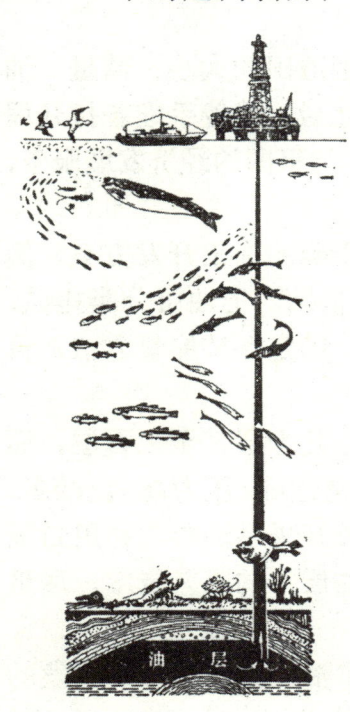

图38　海洋钻井

钻出17口井的记录。由于投资大大减少，该油田当年建设、当年投产，1987年底日产即达到了6800多吨。

在沈阳油田的开发中，工程技术人员经过精密计算，采用优选完井方法、优选参数钻井技术，结果发现，钻一口2300米深的斜井要比钻一口同样深度的直井平均每米成本增加13.7元（20世纪80年代中期的费用），但一个同时钻6口井的丛式钻井平台建设总费用可以减少151万元，即平均每口井的费用可减少22万元。而且，油井投产后，对丛式油田更易于集中供热、供电，大量减少了地面管线的铺设，相应的也就减少了热能损失且便于管理，经济效益是相当可观的。据初步测算，沈阳油田仅采用丛式井整体开发一项就减少1632亩土地的占用，节省油田建设总投资3753.2万元。所以说，丛式钻井这项新工艺具有极大的社会经济效益。

合理开发才能成功

当石油科技人员通过地质勘探工作，把油田的大小、储量、油层性质及分布规律等自然条件基本搞清楚之后，就着手准备打开埋藏千万年的地下石油宝库，让滚滚的"黑金"为祖国的经济发展服务，这时油田也就由勘探阶段转入开发阶段了。

要开发好一个油田，就必须制定一个正确的油田开发方案，简单地说，首先要对多油层油田以含油层为基础，把油层分类排队，选定开发方式；其次要充分利用自然资源，确定保持能量方法；再者要选定合理的布井方案。

一个油田往往含有多套油层，有的多达几十层甚至上百层，而且每一个油层的性质又不完全相同，有的渗透性好、压力高、出油多，有的则出油少，有的油田采用了"一井多管开采多油层"和用封隔器把各个油层分隔开来"一井单管开采多油层"的工艺技术，尽量多采出地下的石油。

大量的生产实践表明，对不同性质的多油层，采用分别开发的方式，对提高油田采油速度和采收率有很大效果。这是因为分层（组）

的油层性质比较相似，不仅减少了好油层与差油层之间的互相干扰，同时，还可以根据不同层（组）的油层性质，采用不同的注水方式和布井方式区别对待，使每个层（组）的油气开发更加合理。

布井方案就是要确定油井打在油田的什么位置上，让每口钻井都能穿透油层，尽可能多地了解、控制住地下石油与天然气的储量，而且，要使每口油井长期保持旺盛的生产能力，满足一定的采出速度，还要利于不断认识、不断调整，达到比较经济的效果，以保证更多的石油从油井中开采出来。

为了实现这一要求，就要从油田的地质情况出发，计算油田全部钻井、开采等钢材、水泥、油料等消耗费用、基建投资、劳动生产率和原油成本等，从经济效益方面来评价布井方案和开发方案是否合理。同时要综合地质条件，如油层压力、油层物理性质、油层深度去全面考虑、综合评价。

在油田的开发工程中，布井方式是最重要的内容之一，布井的方式有很多，总的讲起来可以分成两大类：第一，排状布井，也称行列布井，就是把钻井按直线一排一排地分布，或者按环状一圈一圈地布井；第二，网状布井，也称面积布井，就是把井按一定的几何图形均匀地布置在整个油田的区域内。不同的开发方式应采用不同的布井方式。

当油田的石油开采到一定程度时，为了保证油层的压力，就应有计划地向地下油层内注入水，把油从深部"托"到油井中，利于开采。对于人工注水开发方式的油气区而言，生产采油井的布井方式和注水井的布井方式相适应。通常，对于油层大面积连通、分布稳定的优质油层，采用行列注水布井方式；对于分布不稳定，形态不规则的差油层，采用面积注水布井方式，以便充分发挥人工注水作用。对于靠地下自然能量开采的油田，在选择布井方式时，要考虑油田的形状、大小和能量来源以及油层物理性质等，以便在开采过程中充分利用油层的能量（图39）。

我国最大的油田——大庆油田的科技工作者与工程人员，比较正确地解决了认识油田特点与开发油田的关系，从油田的实际情况

图39 油井集中控制示意图

出发,制定了内部横切割的布井方式,选择了合理的井网,油田高产、稳产几十年,·达到了国际先进水平。

  油田一旦投入开发,地下沉睡了千万年的油藏平衡状态就会被立即打破。和石油同时封闭在岩石孔隙中的还有天然气和水,这些"孪生兄弟"在地下的运移较为复杂,而且它们的存在状态和运移特征与岩石的物理性质也存在着极为密切的关系。比如某些岩石的孔隙、裂缝较多,内部所储存的油、气、水也多,但孔隙与裂缝之间的连通若不好,大量的石油与天然气就被死死地封到了孔隙、裂缝之中,开采不出来。有的石油太粘,即使孔隙、裂缝的连通性很好,流动起来也很不容易,同样不容易开采出来。

  为了及时地抓住主要矛盾,解决主要问题,就需要工程技术人员与地质人员密切配合,通过生产实践,经常进行油田的地下动态分析,用计算机进行油藏乃至全盆地的静态与动态模拟,弄清开发中哪些油砂层被地下水淹了,哪些含油的砂体还可能留有尚未采出的"死油",进而为采出更多的石油与天然气调整方案。

  天然气的开发与石油开发的原理基本相同,但天然气的流动性更强,压力突然释放往往会引起井喷和爆炸,在开采中的工作难度也会相应的增加。

石油会被采完吗？

石油对于人类太重要了，它已成为现代社会中不可缺少的能源。石油在世界一次能源消费中所占比例达到40%以上，同时，它又是一种不可再生的矿产资源，石油的形成至少需要数百万年。所以，石油会被采完吗？这是一个生活在石油已渗透到生活方方面面的现代人时常会想到的问题。

在20世纪60—70年代，国际上曾流行过"石油储量短缺、石油工业很快步入穷途末路"的传言。这些"预言"似乎也不是空穴来风，因为：第一，世界石油年消费量在1950—1970年的20年间增加了3倍（从40亿桶增至165亿桶），平均年增长率达到了15.6%；第二，按照以往的7.5%的历史平均年增长率计算，20世纪的最后30年（1971—2000年）间，石油的总需求量就达1300亿桶；第三，从1850年石油工业开始兴起到1970年，全世界总共消耗了近4000亿桶石油，而到1971年，人类所有探明的石油储量才有5200亿桶。为了满足所预测的需求量，到2000年前大约还需增加4万亿桶储量。显然，全世界很难在短短的30年内再找出如此巨大的石油储量，在这种"石油不久就会枯竭"的悲观论调影响下，70年代的石油价格暴涨（图40）。

但是，1970年以后世界石油工业的发展并非像这种悲观论调所预言的那样，在1971—1996年的26年中，世界石油总产量仅为5760亿桶，在20世纪最后的几年中，全世界的石油探明储量以年平均4.26%增加。全世界并没有进入所谓的石油短缺时代，

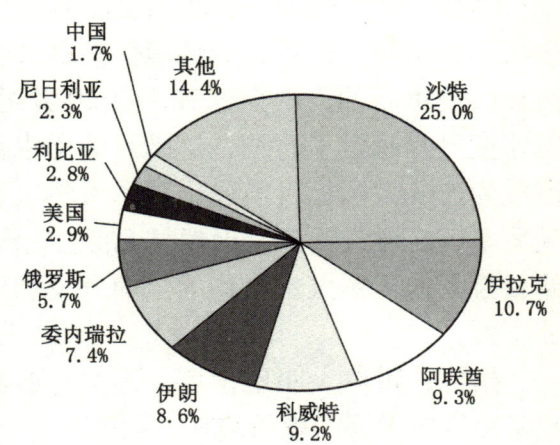

图40　全球石油储量分布图

而是在供需基本平衡、储量充裕的状态下稳步地发展着。

当然,这些都与20世纪后30年国际政治格局和世界石油工业的发展密切相关。比如,这个时期通过对已发现的油田再评价而新找到的储量超过了原来的储量,原因在于人们对老油田已经有了一些认识,重新研究、评估的投资相对要少,风险也小,各国政府和相关的油公司的兴趣都很高,中东的主要产油国对新油气区的勘探资金投入量下降,这与国际市场对石油的需求没有发生"大起大落"式的变化有关;各油公司和资源国政府在石油工业中大量使用先进的技术手段,不断地有新油田被发现。

其次,经历了70年代的石油危机之后,人们加快了寻找新的替代能源的步伐,世界天然气探明储量明显快速增加,从1971年的40万亿立方米增至1996年底的150万亿立方米,近几年的增加量更大,天然气的使用量也在不断扩大,它在一次能源构成中的比例已由1971年的16%,增至目前的近30%。

再者,随着人们对石油地质理论的深化,许多新型油藏,比如遍布世界各地的"低熟—未熟石油"及加拿大阿尔伯达和委内瑞拉奥里诺科产出的超重油砂的储量等十分可观。此外,全球各地还有上百个未经勘探的沉积盆地,随着技术与资金的积累,这些地区很可能会有新的油气资源发现。

当然,从长远看,世界石油工业的发展也许会更多地受制于需求而不是供应,而且,对环境保护的关注也迫使人类不可能无节制地扩大使用石油。从全球看,自20世纪70年代以来,天然气的发展速度已经超过了石油,这既是动向也是规律,一些产油大国也相继成为产气大国。目前已出现了天然气替代石油的强劲趋势(天然气发电厂、燃气锅炉、天然气/液化气汽车等)。核能、太阳能以及储量极大的天然气水含物的全面开发利用也将进一步缓解石油需求的压力。

据此,可以大胆地预言,人类对石油的开发利用不会陷于需求旺盛而供应枯竭的尴尬境地。

对一个油田而言,很难肯定说出它的岁数。但无论对于石油地质工作者还是普通民众来说,"油田的寿命"都是一个十分吸引人的话题。

根据对开采历史较长的美国油田的统计,在美国的 74 个油田中,油田寿命最短的为 14 年,最长的可达近 90 年,平均为 46 年。一般来讲,一旦油田无法再获得经济效益时,就可视为"寿终正寝"了,但有时出于社会、政治等方面的需要,国家或油公司也会赔本继续开采的。

迄今为止,人们只能采出部分地下已发现的石油。一般说来,每采出一吨原油就会有两吨原油被遗留在地下,一旦采用新技术提高了原油的开采率,就可以相应的延长油田的寿命。比如,一个油田原来的石油采收率为 30%,应用新技术后,将采收率提高到 60%,就相当于把油田的寿命延伸了一倍。当然,提高地下石油的采收率也会使一些油田死而复生,在我国玉门油田、克拉玛依油田等老油田,经过技术改进以后,一些已"退休"的油气区由于提高了采收率,使这些"老"的油气区重放光彩。

地下的地质情况是十分复杂的,我国大陆上寿命最长的延长油矿始建于 1905 年,当时的原油年产量仅有几吨,后来达到了几百吨,到了 20 世纪 80 年代末期,已 80 "高龄"的老油田的产量达到了 15 万吨。如今,在石油地质、石油工程科技人员的努力下,这个老油田的产量一直呈上升趋势。

当然,一个油田的原油采出速度不能过快,否则会造成地下水淹没了油层,使油田生产力严重受损。

一个油田寿命的长短涉及多种因素,而不断地探明新的石油可采储量,提高原油的采收率,采用新技术、新工艺是延长油田寿命的主要保证。

目前的石油地质理论认为,石油的形成需要数百万年甚至上千万年时间,因此,在我们积极地寻找、开采石油的同时,绝对不可浪费这种虽然丰富但是不可再生的宝贵能源。正像一位哲人告诫的那样:我们今天所消耗的能源并不是从祖先那里继承的,而是从我们的子孙后代那里"借"来的!

没有围墙的"大工厂"

从事石油勘探开发的科技人员们有句名言:"你找到石油(天然气)的地方,并不是你要用它的地方。"纵观世界石油工业的发展史,几乎所有的油气田都分布在人迹罕见的荒野、戈壁、沙漠和海洋中。而石油和天然气的消费市场却大多在人口稠密、经济发达的大中城市及周边地区,两者的距离可能达数百甚至数千千米。这就需要对从地底下采出的石油和天然气进行运输、加工。

从石油的始发站到"初加工厂"

一个油田,每天都会有很多的石油和天然气从地下采出来,它们必须被又快又好地集中起来,安全地贮存并输送到需要的地方去。这是石油工业中一个非常重要的环节,它可以把油气田—炼厂—消费者三者十分密切地联系起来。

刚刚从油田采出的石油,大多为一种深褐色的液体,它们都具有一定的粘度,绝大多数原油的凝固点都比较高,在20℃以下就不易流动了,只有在30℃以上,其流动性才会增强。

天然气几乎具备了气体的所有性质——无定型、易流动,而且极易燃烧。

我们知道了石油、天然气的"品性"与"脾气"之后,就可以用不同的方法将它们分类、集中、贮存和运输了。

对于天然气,可以用管道或封闭的设备运输和贮存;对于石油,可以用管道、汽车或火车的油罐车、油轮等运输和贮存。如果在较低的温度条件下或原油的粘度较高时,在运输和贮存过程中还需要加热和保温。石油与天然气的运输和贮存中都要严格地防火。

石油运输的始发站是井场。为将原油从始发站顺利地输送到转油泵站,就需要在井场上配置一些相应的装置。

对于自喷井来说,井场装置大体上可分为三部分:对油井生产起控制作用的采油树和对油气进行计量的油气分离器及对原油进行加热保温的水套加热炉(图41)。

从油井采出的原油,经过安在油口的采油树的油嘴流到水套加

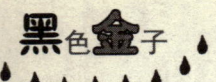

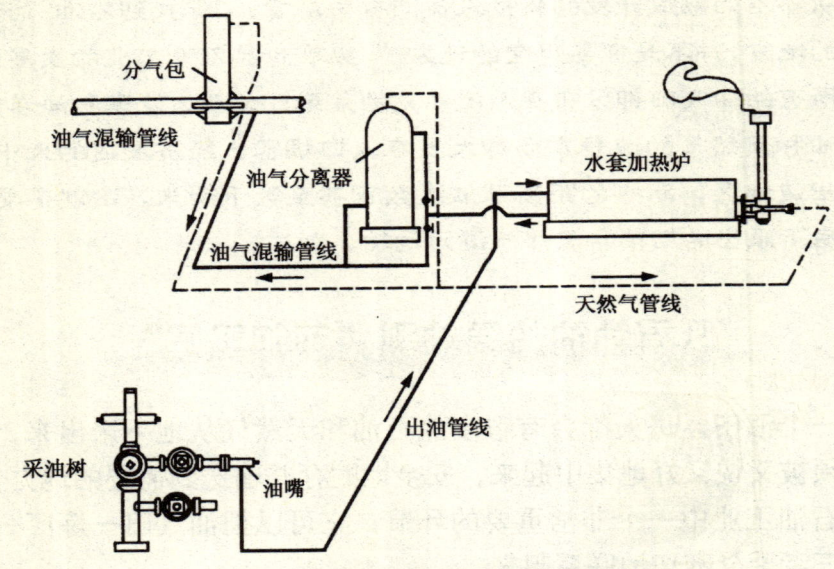

图 41　自喷油井井场装置流程示意图

热炉加热，再进入油气分离器检测油气量，最后进入集油干线，输往转油泵站。

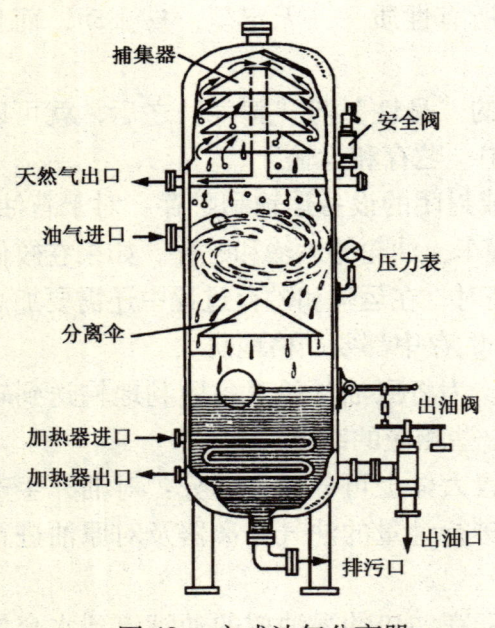

图 42　立式油气分离器

水套加热炉是井场上主要的加热保温设备，除了把原油加热使其粘度下降之外，还可用于井口和值班房的保温加热。水套加热炉是一种间接加热炉，即用火焰和烟气直接加热水，然后热水再把热量传给原油，使其提高温度，降低粘度，增加流动性。这样做，可以避免原油直接接触高温的管壁而结集，有利于正常输送。

从油井中采出的油气混合物，经上述管线短程输送以后就到了油田上的转油泵站。由于油和天然气的性质与用途很不相同，所以必须把它们分开。这一任务主要是由原油的"初步加工厂"——转油泵站来完成的。只有完成了分离，经脱水后，才能供给工业应用。

转油泵站用的是大型油气分离器，根据型式，可以分为立式、卧式和球型三种，我国用得较多的是前两种（图42、图43）。

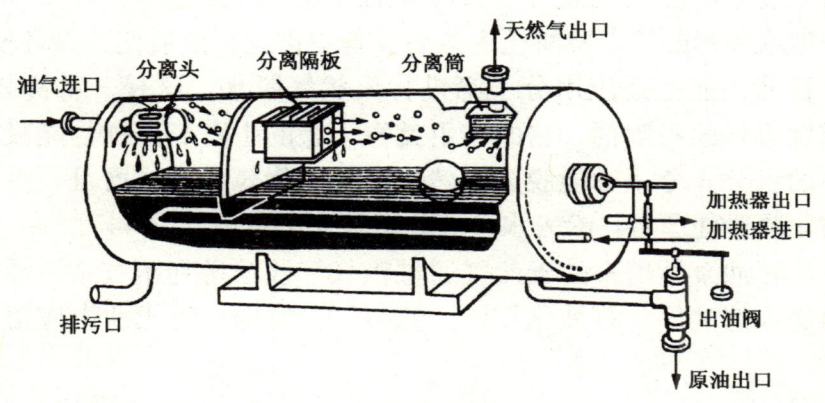

图43　卧式油气分离器

当油气进入分离器之后，天然气向上升，通过捕集器到达天然气的出口处；油滴向下，通过分离伞至出油口。如果油气经第一次分离之后，原油里的天然气没能分离完全时，可进入同样大小的第二个分离器中进行二次分离。

油井在生产一段时间之后，采出来的原油中往往含有一定量的水，它来自地层中或采油时人工注入的水。如果不把原油中的水去掉，不但会增加储存和运输量，而且给石油炼制也造成很大的困难，严重时会影响设备的正常操作。从原油中分离出来的天然气中，不同程度的也含有一些水，也应被除去。

原油的脱水方法很多，目前我国大多数油田采用的是电脱水和电—化学联合脱水。在电脱水法中，又可分为高压交流电脱水和高压直流电脱水两种，其工作原理都是小水滴在电场作用下聚集成大水滴而从油中分离出去。

化学脱水方法是采用化学脱乳剂进行的。化学脱乳剂是能使被油包裹住的水从油中脱出来的化学药品。如果在电脱水装置中加入脱乳剂，其脱水效果将更为显著。

天然气的脱水方法也有许多种，其中一种是天然气化学脱水。这种方法由天然气冷却化学脱水和乙二醇醚（乙二醇醚是天然气化学脱水过程中的防冻液）再生两部分构成。第一部分的工作原理是利用温度下降除去天然气中大部分的冷凝水；第二部分的工作原理是将被水稀释的乙二醇醚压入蒸脱设备中再生，然后使其循环使用。

石油工业上还应用分子筛进行天然气脱水，这是一种高效能、选择性很好的吸附剂。它的作用就像干燥的生石灰一样，能吸附空气中的水分。分子筛能脱去天然气中的硫化氢和水，而且，经过还原防化装置处理后，除去水分的分子筛还可再用（图44）。

从转油泵站出来的天然气通过输气管线输送到压气站，经过加压输送到炼油厂、石油化工厂、炼钢厂、发电厂等工业上应用。另

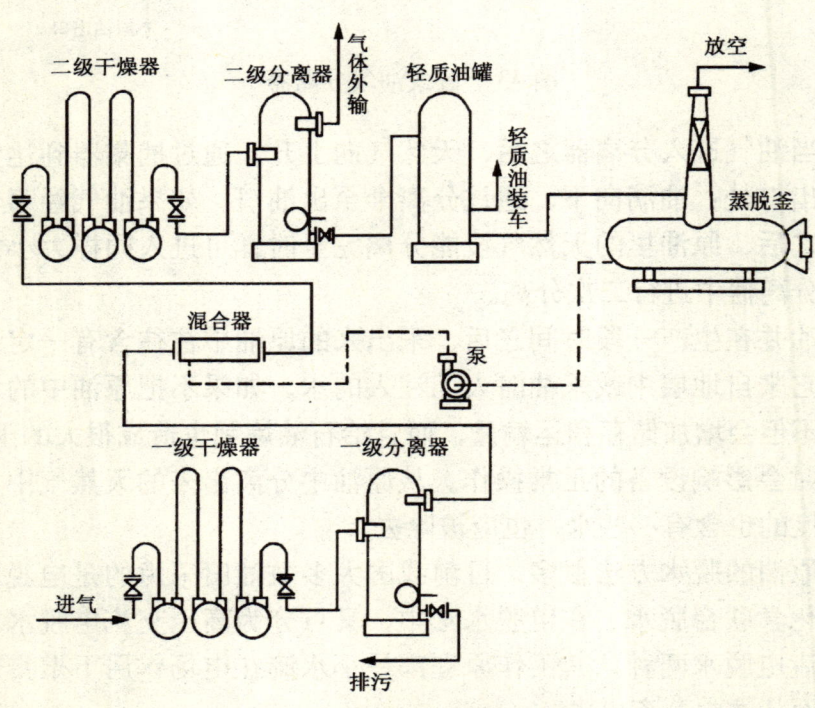

图44　天然气化学脱水流程图

外一些天然气，通过输气管线送到居民点和城市中去供民用。

这些待用的天然气都是已经相当纯的烃类气体，其中的甲烷成分可以达到 90%，它燃烧的热值很高，在使用的同时，切记防漏、防火、防爆。

油田的"血管"

原油是通过各种油气集输管线集中起来再输送出去的。这好比是经过人体心脏后的新鲜血液通过血管,输送到人体的各部位一样。早在几百年前,我国四川省开发的自流井气田,人们就用竹子做成管线,用这种称之为"笕"的竹制管道输送天然气,当时的输气管已有 12 条,总长达一二百千米,具备了相当的规模。在现代石油工业中,油田上的油气集输管线可分为油气混输管线、输油管线和输气管线三种。

原油和天然气从油井中喷出来,利用井内的剩余压力(或者经过加压)经过井场装置,即可通过油气混输管线,输送到原油的"初步加工厂"转油泵站。

在转油泵站,油气经分离器分离和原油脱水、脱硫、脱盐处理后,将原油经输油泵加压进入输油管线送到油田上的油库里去。天然气则通过低压输气管线,输送到压气站加压,然后输送给炼油厂和石油化工厂进行综合利用,或者输送给工业、民用。

油气集输管线的建设工程,是油田建设中相当大的施工任务。随着油气田的发展,每年都要铺设很长距离的各种油气集输管线。每铺设 1 千米管线,约需挖填土方 2500 立方米,而且要求施工速度快、质量高(图 45)。

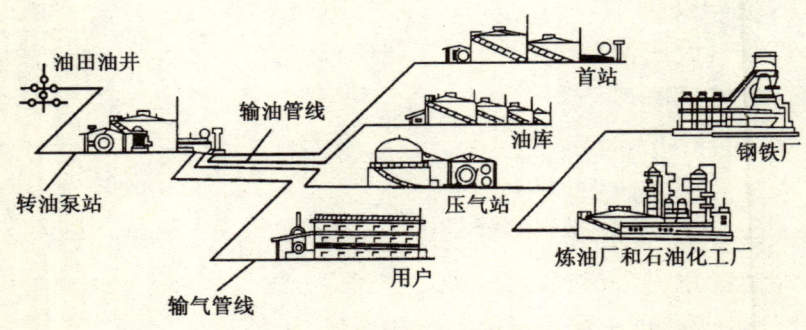

图 45　油气集输管线示意图

管线在建设施工中，大体上分为三个阶段，即工厂预制、长管段的运输和现场施工。工厂预制主要是将管子焊接成长管段，并对这些长管进行防腐和绝缘处理；将处理好的长管段用专用的特殊拖车运到现场，并保证运输过程中不弯、不伤；预制好的长管段运到现场后，经过焊接联成长管线，并进行焊口防腐处理和试压质量检查，即可铺埋。这一工序有线路平整、挖沟、下管、回填、复土等，其特点是工作量大、连续性强。我国石油工程技术人员经过多年摸索，已实现了管线铺设的机械化流水作业，大大提高了工效。

油气经水套加热炉加热后，随着油气混输管线输送到一定距离后，温度逐渐下降，原油粘度逐渐增加，管内壁结蜡，使流动阻力增加。因此，沿油气混输管线，每隔一定的距离设一干线加热炉，给管内原油加热，使原油顺利地被输送到转油泵站。同样，原油从转油泵站用输油管线输送到油库过程中也要在转油泵站加热后才行。

而且，油气在输送过程中，为了减少热量的散失，必须要保温。通常是把管线埋在地下一定的深度，如遇到地下水位较高时，就做一个人工土堤，就像给管线盖上了一层棉被，起到保温作用。

埋在地下的金属管线会生锈。金属腐蚀的危害性很大，特别是地下金属管线，不仅缩短管线的使用寿命，浪费了钢材，更重要的是影响了生产，甚至造成其他事故。

我国东部油气田开发较早，许多管线已达设计寿命，正处在超龄服役阶段。除了加强监测维修力度之外，石油工程技术人员还在国家的统一安排下，积极增加输送管线，在我国东部已建成投产了庆铁管线（大庆油田至辽宁省铁岭市）、秦京线、任京线（使北京的燕山石化炼厂既可炼制大庆的原油，亦可炼制华北油田的原油）、中路管线（使中原油田的原油既可直达洛阳炼油厂，又可经濮阳、鲁宁线南下）等20条主要的管道干线，使拥有大庆油田与辽河油田的东北地区管线联网。

随着塔里木、吐哈盆地油田的开发，以及陕甘宁大气田的开发，我国石油天然气的管道工业重心已向西移动。

西部管线不可避免地要通过高地震烈度区及若干活动断层，它

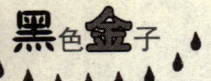

们会使钢管受压,从而有可能使钢管产生屈曲或折皱,因此,管线的安全性还取决于地质工作者提供的有关地质参数的可靠性和准确性。

从新疆出来的管线将遇到许多处大落差。在那里,如果处理不当,可能造成输送原油的断流,使泵受损。而且,在山地起伏的地区,要求管线具有较高的韧性,否则受力后容易断裂。

不论是在平原区还是山区,减少管线腐蚀都是重要的任务。通常地下管线采用沥青防腐,这对于短期防腐,可以取得比较好的效果。但沥青层会逐渐老化而产生裂纹,从而降低防腐效果。沥青防腐层少则几个月,多至三五年就会失去防腐效能。

为了加强防腐效能,技术人员采取了许多方法,比如在管线外层涂上含有稀土元素的涂层,采用阴极保护法人为地形成一个腐蚀电流回路,以埋入地下的废钢材或石墨代替管线的腐蚀而被消耗掉,从而延长管线的使用寿命。

管线输油气的主要优点在于易于制造和安装,使用周期长,操作费用比其他任何输送方式都相对要低而且输送流体不受气候的影响。目前已经投入实施的我国从新疆塔里木油气区、鄂尔多斯油气区向北京、上海等大城市输送天然气的"西气东输"工程无疑是一次复杂的系统工程。它的实施,将对我国石油工业、钢铁工业、制造业、自动化工业、化工工业乃至技术工种行业产生巨大机遇和挑战。

油气的"仓库"

在已经开发的油气田上，建有许多油气库，它们是专门为临时贮存原油用的"仓库"。它主要接受从油田上的输油泵站输送来的原油。经过油库内的油罐贮存，再由管线油罐车外运。

油库的第一个任务是贮油（气）。

为了保证油田原油的正常生产，同时考虑到运输的不平衡情况，成千上万口油井每天生产出的原油，通过各个转油泵站源源不断地输入油库，暂时贮存起来。油库储油量的大小是根据该油库控制区的油井产量的多少来决定的。一个油库有几个油罐区，每个油罐区又有好多个油罐。每个油罐能储存几千到几万甚至几十万立方米的原油。

油罐的种类很多，按形状分，有圆柱形、球形、方形、水滴形；按位置分，有立式罐、卧式罐；按结构分，有拱形罐、锥顶罐、无力矩罐、浮顶罐；按用途分，有原油罐、轻油罐、煤气罐，五花八门，种类很多（图46）。有的煤气罐还可以改变形状，比如上海有一座几层楼高的储气罐，它的顶就时高时低。白天，煤气用量大，罐里的煤气由于罐顶的重量下压，把煤气压进密布在市区内的地下管线网，供用户使用。夜里，用量减少了，罐里的煤气就会把罐顶高高地顶了上去。虽然罐顶有几十吨重，但因煤气罐的直径很大，所形成的气压仍然很小，甚至小到大气压的百分之一。

别看一个个庞大的油气罐那么威风凛凛地矗立在那里。其实它也是很脆弱的。1956年，一阵龙卷风就把上海的一座一千多立方米的空油罐刮到空中，吹到100多米之外的地方，摔得稀巴烂。有经验的石油工人都知道，正在施工的油罐最怕刮风，特别是没有上顶的油罐，风一吹就会变形。

各种尺寸的地面油罐，共同的缺点就在于它占地多，不安全。特别是战争期间，极易受到敌方的攻击，一个炸弹就能毁掉整个油库。无论是原油还是成品油一旦着火都是很难扑灭的。它们即使流到河

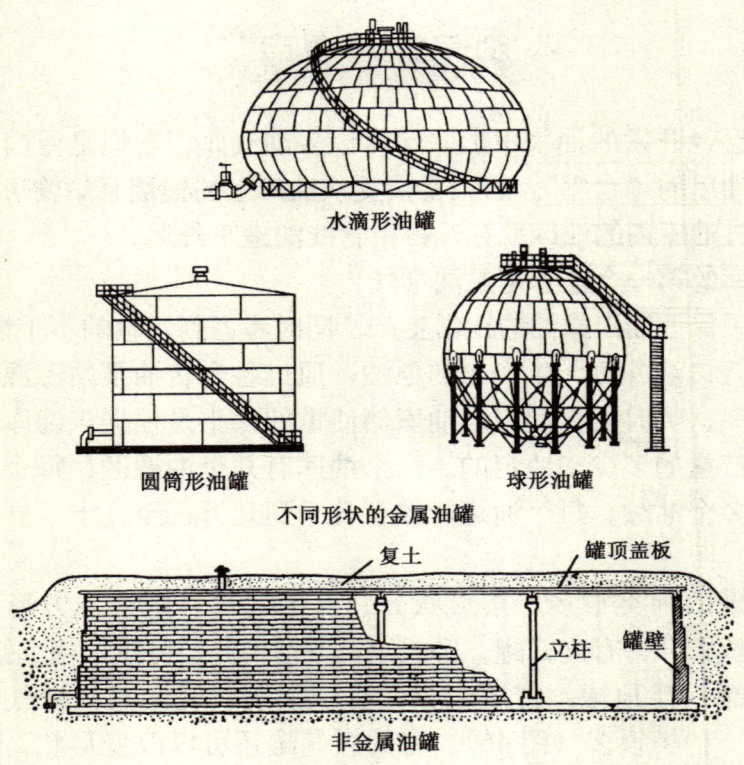

图46 形形色色的油罐

里，也会一面燃烧一面顺河漂流。为了防止这种现象发生，就出现了地下油库。

地下油库可分为天然的和人工的两种。在山沟等适宜的地方，开凿水平的坑道，深入到山的深处，在里边打一个或几个大洞，然后在这些人造山洞中建造储油罐。除了这种在山洞里安放的油罐之外，还有一种直接利用地下空间来建造油库的，比如一些盐岩或石膏矿井的密封性都很好，结束开采之后，经过加工、密封就可以作为天然油料库了。还有用地下溶洞作天然油库的，但这种洞的密封工作就较为复杂。一旦建成，洞内的温差很小，可以大大减少油品的损失。

有些洞的位置太深，不宜用作油库，则可以储存天然气。这种天然溶洞的体积可以达到几百万甚至上千万立方米，多么巨大的天然油气库啊！而且，毫无疑问，这类地下油气库是战争时期最佳的

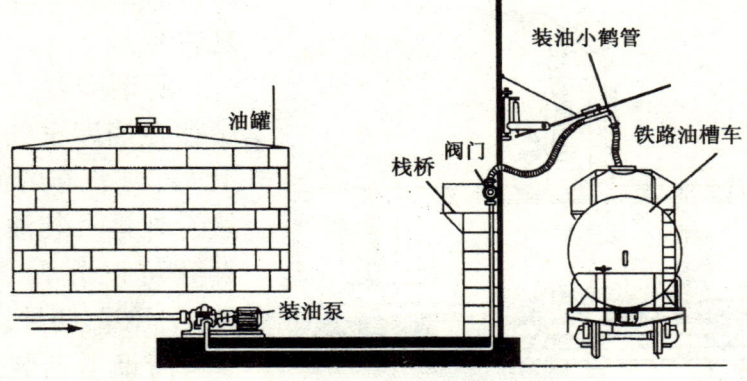

图 47　上装示意图

储油方式。目前许多国家都在大力寻找、构筑这种地下油气库。

为了保证油罐的安全，在油罐内储放油料时，一定要留下一定的空间，好让油罐进行"呼吸"，即在储油罐顶部安装一个呼吸阀来控制空气的进出。呼吸阀就好像是人的鼻孔一样，是油罐不可缺少的组成部分。在装卸油料的过程中，呼吸阀就可以自

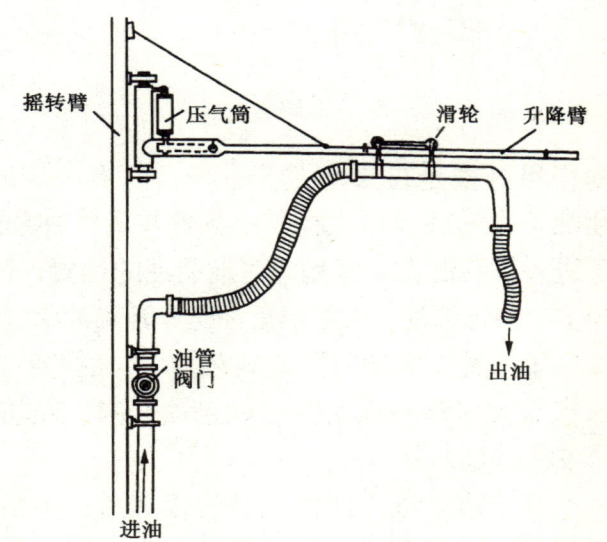

图 48　小鹤管装油图

动调节罐内空气的排出或进入，人们称之为"大呼吸"。在平时，由于昼夜间外界气温的升降而引起油罐内油体积的膨胀或压缩，于是空气也就会随着油体积大小的变化而通过呼吸阀进出。人们称这种现象为"小呼吸"。油罐的"呼吸"能及时地把油罐填满，油少时，空气补充；油多时，排出空气。这样就可防止因罐内压力过大或过小而将罐顶损坏，保证了油罐的安全。

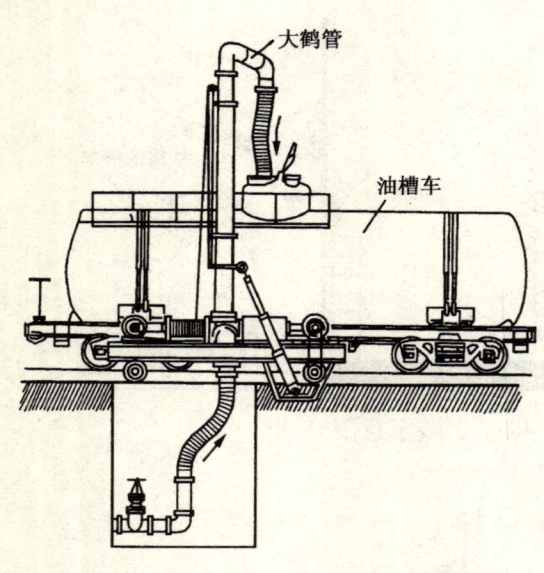

图 49　大鹤管装油

油库的第二个任务是装油。

所谓装油，就是把储存在油库里的原油装上火车或汽车的油罐车，然后外运。装油的方法大致可以分为"上装"和"下装"两种。

所谓"上装"是指把油从油槽车上部的入孔处装进去（图47），通常它又有两种方式。第一种是装有"小鹤管"的栈桥式装油，小鹤管的作用好像是自来水龙头一样，它有一定的高度，并能自由转动。装油工人站在栈桥上操作小鹤管并观察油罐的装载情况，当一列油罐车进入铁路的专用线后，对准装油的位置，即可装油，而且可以同时向多个油罐装油。装好油后油罐车开离油库（图48）。

第二种"大鹤管"方式装油。"大鹤管"就像是火车站给火车头加水的大水嘴一样，但可以自动升降，左右移动，而且可同时给多个油罐装油（图49）。

当油罐车进入油库适当的位置后，用装油臂和快速接头把装油管线与油罐车底部卸油口连接起来，即可进行装油。目前在我国许多油库，这种装油设备都已实现了自动化控制，大大减轻了工人的劳动强度，也把装油水平提高到新的高度。

形形色色的运油工具

祖国各地，无处不需用石油产品。而石油和石油产品具有易燃、易爆、易挥发、易生静电且带有一定毒性的特点，在购销、调运、贮存的过程中往往表现出庞大性、集中性，而且运输也呈现出明显的散装方式，所以其运输方式必须是既节约费用，又便于计量，并缩短收发时间且减少消耗，因此具有其独特性和专用性。目前我国国内使用的石油及油料运输的工具，主要有铁路油罐车、油船、管道和汽车油罐车等。

大家经常见到的奔驰在祖国各地的"油龙"，就是铁路运输石油的油罐车，它也是短距离运输的一种便利方法（图50）。

图50　俄罗斯向我国运输原油的油罐车

一个油罐车的主要附件有：卸油装置，用于卸出罐内的石油。根据油品不同性质，卸油装置分上卸式和下卸式。轻油类渗透能力强，容易渗漏，为了确保安全，多采用上卸式，即应用油泵进行装卸作用。粘油类，为了便于寒冷地区在冬季的装卸，多采用下卸式装油作业，即在油罐底部安装排油阀。

安全装置主要由安全阀构成，通过弹簧的作用，控制油罐车内油品蒸气的挥发和罐内压力超过设计标准时进行排气或吸气，进而可以减少油料的蒸发损失并防止罐内气压过大而产生爆炸。

各种安全接头可以严防运输过程中从边口处漏油。

目前我国国内使用的铁路油罐车，按其用途主要分轻油罐车，罐体涂银灰色，写有"轻油"字样；粘油罐车，罐体涂成黑色，标有"粘油"字样，主要用于装运原油、重柴油、燃料油品；装运润滑油的油罐车，罐体涂成黄色，写有"滑油"字体。油罐车的容积从50立方米到80立方米不等。由于油罐车在长途运行中没有保温设备，所以到达目的地之后，一般都有相应的加热设备和上卸、下卸的装置。

各类油罐车罐体两侧，都涂上"G"符号，并标明车号、载重容量等。

水路运油工具，主要是油轮和油驳（图51）。它们之间的主要区别是，油轮（船）本身具备动力系统，除航行外还能以本船的动力系统进行装卸作业；而油驳则无动力设备，主要靠拖轮牵引，装卸作业需要当地的专用设备完成。油轮可以在江、海远洋航行运输，不受季节及水位变化的影响，而油驳只能在内河运输，受季节和水位变化的影响较明显。

图51　油轮

油轮和油驳是根据其运载量分类的：万吨以上为大型，千吨以上为中型，千吨以下为小型。海运油轮最少在3000吨级以上，有的达数万吨级。我国长江及其他内河运输的油船大多在1000吨左右。

油船的主要设备有：①油舱（罐），其位置、大小及数量可根据船舶的大小而不同，一般排成两行，每行各有5个油舱，构成油轮的左右舷油舱，舱与舱之间有阀门相隔开。②输油管、阀门和油泵。

③暖气管，可在运输中对油料加热，以保证到达目的地后迅速卸油，缩短油轮的周转时间。④消防设备，以便油舱失火时扑救。

水路运输石油和油品是一种比较经济的方法。我国有很多的内河和很长的海岸线，为水路运输油料提供了良好的自然条件。

在铁路油罐车投入营运之前，都得经国家有关计量检测部门检测并编制出容量表，为石油发、收双方提供数据依据。

在水路油品运输中，由于油舱几何形状的严重不规则，水面波动不稳等原因，会产生很大的误差，所以在油品装舱前后，发、收油双方共同计量用以交接的油罐，计算其油品输出量，再减去有关损耗，作为油轮（驳）的装舱数量。

汽车油罐车也是一种常用的运油工具，但它的运输量较小，因此，只是在油田开发的初期，油田附近又没有铁路及输油管线尚未建成时才使用。这时，汽车油罐只是将石油从油田运到铁路和港口附近的油库，然后由铁路或水路转运。此外，汽车油罐车还广泛地应用在成品油的短距离和铁路无法到达的运输上。

为了防止由于汽车在运输过程中产生静电而引起爆炸和火灾，要将汽车油槽车的金属外壳用一种特殊装置与地面接触，将电荷随时传导给大地，避免这类事故发生。

值得一提的是，在当今世界的铁路、公路、水路、航空和管线五大运输方式中，管道运输已经成为油气运输最重要的一环。与其他运输方式相比，管道运输在建设时投入的资金量较大，可一旦建成，运输费用就会大大降低，而且它具有很好的隐蔽性，运输量也大，是远程大批量油气输送的首选方式。可以预言，随着我国西气、西油东输工程的启动和实施，中国的各种运输业，尤其是管道运输业必将迎来一个令人欣喜的春天。

气势恢宏的"西气东输"工程

从 20 世纪后期开始,我国石油界加大了天然气勘探开发的力度,取得了令人瞩目的进展。

我国天然气资源与市场分布决定了国内的主要输气管线呈现"两纵""两横"的分布。我国天然气市场主要分布在东部地区,而已找到的大型天然气田则主要分布在陕甘宁地区、柴达木盆地、塔里木盆地等西部区域,进口天然气的资源地也主要在北方邻国俄罗斯的西部、中亚的土库曼斯坦、哈萨克斯坦、乌兹别克斯坦等国,这就决定了我国输气主干线必然是以东西向和南北向的长距离、大口径输气管线为主。所以,"两横"即立足于国内资源的西气东输干线(塔里木盆地的轮南和克拉 2 号大气田至上海输气干线),再从西部引进天然气建设新疆至上海的第二条西气东输的输气干线。"两纵"是从俄罗斯东西伯利亚及远东地区进口天然气分别建设从东西伯利亚经东北到北京的输气管线,资源地为俄罗斯的恰扬金气田、科维金气田,目标市场为我国东北和环渤海地区。管线自满洲里经大庆、哈尔滨、长春、沈阳、天津到北京,全长约 4000 千米;俄罗斯的萨哈林至沈阳输气干线,资源地为萨哈林大陆架近海气田,目标市场为我国东北地区,管道线路自延吉经佳木斯、哈尔滨到沈阳,全长约 2400 千米,规划建设时间为 2010 年。此外,西西伯利亚(土库曼斯坦国)至上海的管线资源地为西西伯利亚的中亚国家,目标市场为我国的长江三角洲地区,管线自阿尔泰经乌鲁木齐、哈密、武威、兰州、西安到上海,全长 7000~7500 千米,规划建设时间为 2015 年。

已经建成的西气东输工程,西起塔里木盆地轮南大气田,东至上海西郊白鹤镇,全程 4200 多千米,途经 9 个省(区)市,共穿过长江、黄河大型河流 6 次,中小型河流 542 次,穿越干线公路 542 次、穿越干线铁路 46 次(图 52)。需要新建、扩建公路 500 千米。工程使用的大部分管线为国产螺旋焊管和直缝管。干线工程投资达 1200 亿元。

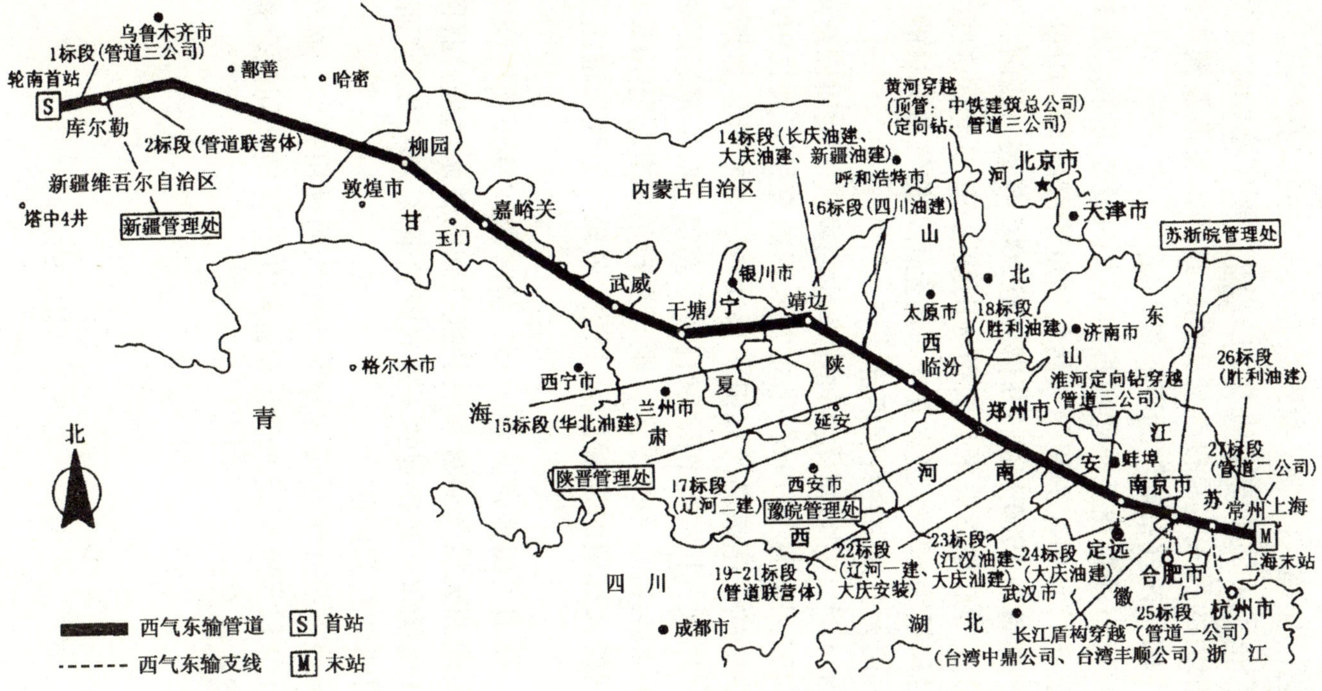

图 52　西气东输线路图

毫无疑问,"西气东输"工程是我国21世纪初展开的一项宏大的工程,它的实施,吹响了我国西部大开发的嘹亮号角,将对我国国民经济产生不可估量的推动力量。当然,要实施如此宏大的工程,其人力和物力的投入也是极为巨大的,这样,就涉及到一个非常严峻的问题,即"西气东输"的资源量保证!

经过几代石油科技工作者和石油工人的艰苦奋斗,从1981年至今的五个五年计划中,探明的天然气储量连续翻番,1999年累计探明的天然气储量是1980年的7.9倍。至2005年底,我国共发现探明地质储量大于300亿立方米的大型气田就达30多个,这些大型气田的天然气总储量为62175亿立方米,占全国天然气总储量的74%。这些大中型气田大多集中在我国西部。

2000年5月,在塔里木盆地库车坳陷发现了地质储量达2506.1亿立方米(可采储量1879.60亿立方米)的克拉2大气田,这是我国目前已找到的丰度最高的气田。2001年,又在鄂尔多斯盆地北部找到了苏里格大气田,它距北京直线距离仅700千米,距内蒙古自治区首府呼和浩特市390千米,距宁夏自治区首府银川市不到200千米,这两座大气田的发现,为"西气东输"工程又增添了重要的筹码。

根据与德国、墨西哥、意大利、美国等较早开发、利用天然气的国家所发现的天然气储量和消费量之间的关系比较,我国已经找到的天然气储量和可能找到的天然气资源前景,都可以为"西气东输"工程提供可靠的资源保证。

沉睡于地下亿万年的清洁能源天然气的勘探开发,必将大大推动我国的社会和经济发展,改善我国的生存环境,同时,也可以增加大量的就业机会。

现代化战争中的油料供给

20世纪后期的海湾战争、波黑战争以及21世纪初的阿富汗战争、伊拉克战争中,机械化的程度越来越高,对油料供给的要求也越来越高。美、英等发达国家在这方面走在了前面。

1991年,当以美国为首的多国部队下决心打击伊拉克以后不久,英国皇家空军即派出大批作战飞机赶往海湾前线,随后跟上的就有一支负责管理军队散装油料工程的特种部队。这支部队到达指定地点后马上着手开展紧急散装燃料油工程的设计和监督,然后又对设在阿曼、巴林和沙特阿拉伯等前线空军基地的皇家空军实施油料保障行动。

这支特种部队快速建起了一系列"紧急燃料油安装设施"。每个燃油安装设施都是由多个塑性橡胶罐构成,球罐和地面束状管线结合在一起。这些束状管线都有密封薄膜,可以保护球罐免受弹片破坏,并且可以收集因偶发事故而泄漏的燃油。这些球形油罐上均有可以连接的101.6毫米直径的合金管子,管与罐之间用先进的快速联轴节进行连接。每个球状油罐可以贮存多达135立方米的燃料油,相当于一个战斗机飞行中队一个飞行架次的燃油需要量。

英军特种部队还采用多种手段向前线输送油料,包括建立42座容积为125立方米的卧式圆柱状钢制储油罐。它们可以简便地"堆"在地上,并与镀锌钢管和高密度聚乙烯塑料管复合体的管线相连接。这种新发明的输油管系统安全地工作了6个月时间。

为了减轻用汽车油槽车向空军基地运送燃料油的重担,由美军工兵总公司提出计划、英国人实施,架设了一条288千米长的沙漠输油管。这种管线是简易性的,以快整流联轴节将每根6米长的铝合金管紧密而快速地联接起来,8人在8小时内即可铺设4千米长的管线。通过这套管线输油系统,每天可以向前线输送并储存大约2000立方米的燃料油。

这套输油管的铺设工艺也十分适合战场的需要:首先沿选定的线路布管,马上有一组工兵上来快速安装好联轴节并上紧螺栓。管

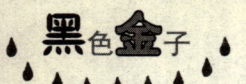

线穿越道路时，在穿越点两侧挖土掘洞，通过管线。

在铺设管线的同时，沿管线设置泵站，泵站间距为16千米，采用大功率的四级离心泵，以加大输送能力。

这条战场管线仅用了几周时间即告建成,多国部队在"沙漠风暴"战争结束之前，向前线输送了大量的军用燃料油，保障了前线美军的油料供给。

现代化战场上的燃油输送充分体现出保证安全、快速灵活、大量使用高新科技产品的特点。

是圣水还是祸水

自从人类发现了石油的用途之后，这种被称为"黑色金子"的物质就以极快的速度"流"入了人类的社会，一百多年之后，它已成为我们经济生活中须臾不可分离的能源和生产原材料了。

无疑地，石油已成为人类社会发展极为重要的动力之一，但它对人类赖以生存的家园的杀伤力也是不可忽视的。它究竟是造福于人类社会的"圣水"，还是破坏人类家园的"祸水"，这已引起越来越多专家和寻常百姓的关注。因为我们只有一个地球，她是我们世世代代生息的家园。

丰富多彩的石油"大家庭"

一般讲，石油的颜色从棕色到黑色都有，比如我国玉门原油是黑褐色，大庆原油是黑色的，四川盆地开采出来的原油是黄绿色，塔里木的石油比较复杂，有黑色的，也有淡黄色的。如果洞察石油内部，它是一个成员众多的丰富多彩的"大家庭"。

其实，石油内所含的元素种类并不多，按重量计算，碳元素占83%~87%，氢元素约为12%~24%，这两种元素合起来，可以达到石油总重量的99%。其余的是硫、氧、氮和微量的氯、磷、钾、钠、铁、镍等十几种元素。

虽然石油的主要化学成分很简单，但它是由上述元素构成的许多化合物的复杂混合物。人们迄今依然无法完全弄清楚石油内究竟含有多少种化合物。由碳元素与氢元素结合而成的化合物叫做碳氢化合物，是石油中最主要的有机化合物，简称为"烃"，它的含量可以占到石油的97%~99%。若按烃类物质的碳、氢原子结构划分，大体上可以分为四类：烷烃、环烷烃、芳香烃和不饱和烃，还有少量的含硫（如硫醇、硫醚、噻吩）、含氧（如环烷酸、苯酚）、含氮（如吡咯、吡啶）之类的化合物。

当石油"大家庭"所处的环境发生变化时（如温度、压力改变或加入其他的化学药品），这个"大家庭"中烃的成员就会发生变化。比如，小的烃分子会"手拉手"地聚集成大的烃分子，相反，大的烃分子会"分手"变成小的烃分子，同时也会形成原来石油中少见的烯、炔等烃分子。

由于烃类分子大小不同，它们的沸点也不同，分子越小的，沸点越低。含碳原子仅有1~4个的是小分子，它们呈气体状态，含有5~16个碳原子的是液体状态，含16个碳原子以上的是大分子，是固体。在石油这个"大家庭"中，充斥着大大小小的烃类分子。

既然石油"大家庭"是这么一种混合体，那么人们就可以用先进的现代化技术把其中的各类"成员"分离出来，变成成千上万种产品，目前有两大类方法。

第一类方法是把石油"大家庭"拆开（图53）。

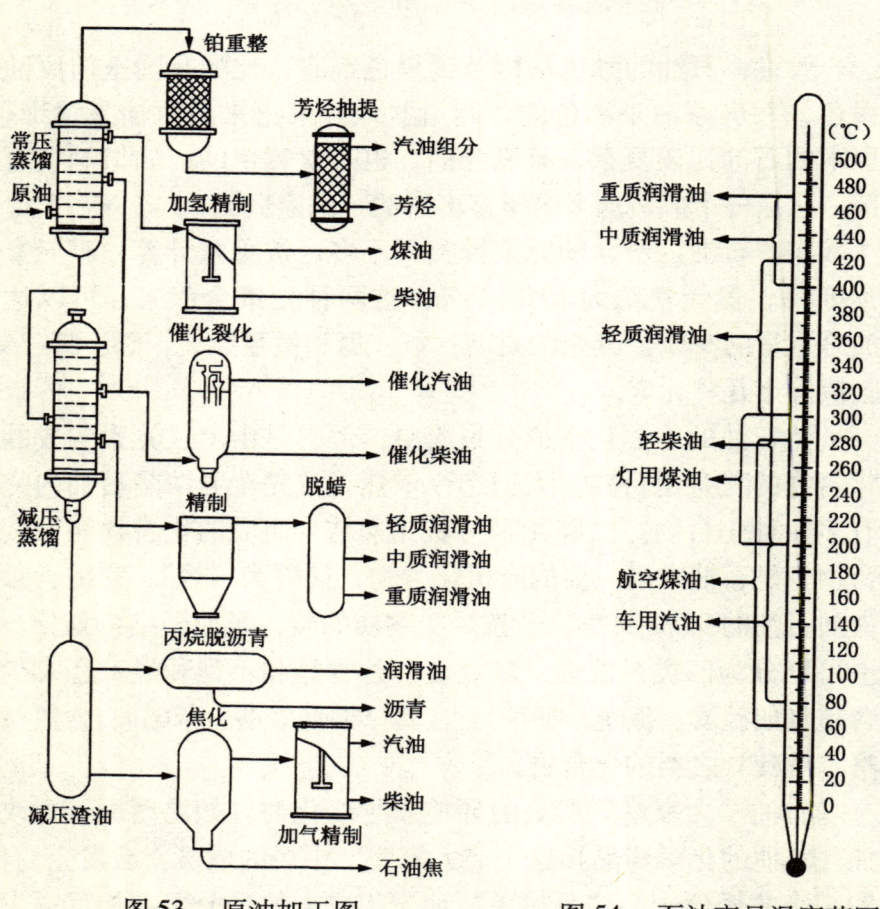

图53　原油加工图　　　图54　石油产品温度范围

我们知道，每一种物质都有自己的沸点，比如在一个大气压下，水是100℃，甲烷为-161℃，苯是80℃。一般石油的沸点在30~600℃左右。石油内烃类分子的沸点随碳数的增加而升高。例如，含有5个碳的烃（戊烷），只要加热到36℃就会沸腾；而含有12个碳的烃（称为十二烷）则需加热到216℃才可沸腾。这样，把石油加热后，就能按各类烃沸点的高低不同依次把它们蒸发出来，加工石油的炼油厂利用的就是这个原理（图54）。

石油产品温度范围

油 品	沸点（℃）	碳原子数	理想的组分
车用汽油	79 ~ 200	C_4—C_{11}	芳香烃、异构烷烃
车用煤油	200 ~ 300	C_{11}—C_{16}	烷烃、环烷烃
航空煤油	60 ~ 280 150 ~ 280	C_5—C_{15} C_8—C_{15}	单侧链环烷烃、异构烷烃
轻柴油	200 ~ 350	C_{11}—C_{20}	烷烃、环烷烃
中质润滑油 轻质润滑油	400 ~ 470 300 ~ 420	C_{25}—C_{35} C_{15}—C_{26}	少环侧链烷烃类
重质润滑油	>470	>C_{35}	

注：表中所示沸点范围不是绝对的，在生产中常常根据具体情况和产品质量要求，会有一定的变动。

在通常情况下，石油被加热到350℃时送入常压分馏塔，其中沸点较低的烃，立即被汽化上升，经过一层一层的塔盘直达塔顶。由于塔体的温度由下而上是逐渐降低的，所以，当石油蒸气自下而上经过塔盘时，不同的烃就按各自沸点的高低分别在不同温度的塔盘里凝结成液体。这样就使石油"大家庭"中烃的成员实现了第一次"分家"，人们即可获得不同的产品。塔底未能分解的是沸点高的重油（又叫蜡油）。

但是，人们从第一次"分家"中获得的产品数量十分有限。就中国的石油组分来说，一般可以获得25%~40%的直馏轻质油品和20%~30%的蜡油。也就是说，炼制100吨石油，只能获得25~40吨的轻质油品和 20~30 吨蜡油。剩下的渣油虽然可做燃油，但也是一种浪费（图 55）。

这就需要采用第二类方法：用裂化和精制的方法改造石油"大家庭"。主要方法有"热裂化"、"催化裂化"和"加氢催化"3 种裂化方法，就是靠加热、加入催化剂和加入氢气使重油中的主要成分长链烃变成短链烃。这样就会使石油"大家庭"中增加许多低分子

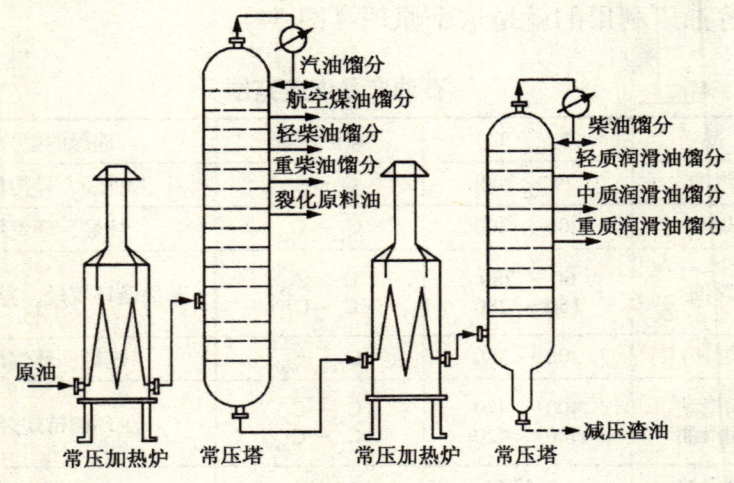

图 55　常减压蒸馏流程

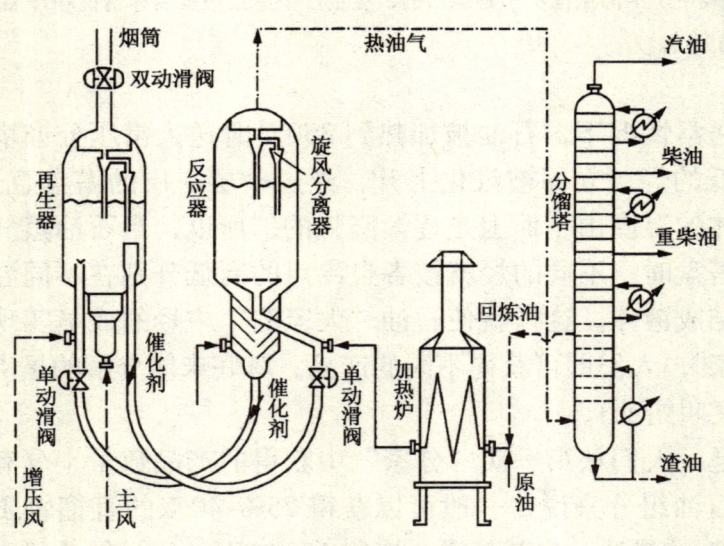

图 56　催化裂化原理流程

烃类的新成员，这不仅可以增加轻质油产量，而且是当今石油工业制取烯烃的重要途径（图56、图57）。

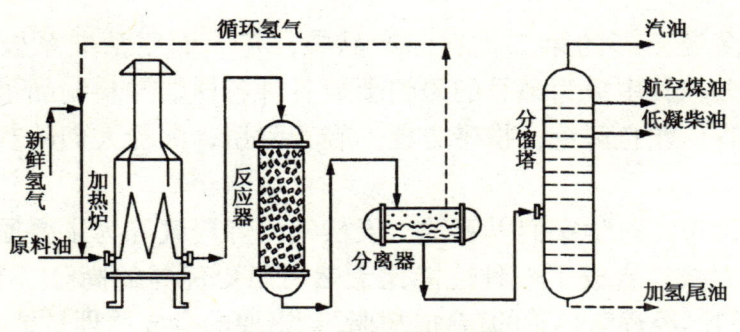

图57　加氢裂化流程

此外，人们还采用清除石油"大家庭"第一次"分家"后所得产物中有害成分（如硫化物）和对石油"大家庭"中的烃类有"分"有"合"的措施，获得大量而重要的化工原料和产品。比如利用化学上的聚合反应使许多短链烯烃连接起来，形成十分有用的高分子化合物等。

人们就是通过对石油"大家庭"的第一次分家和以后对石油"大家庭"的一系列改造、变更等方法，使石油真正变成了工农业、国防建设和人们生活中的"黑金"。

多姿多彩的第二代石油产品

在多姿多彩的第二代石油产品中，与人们生活关系极为密切的有很多，其中最为熟悉的恐怕要数各种各样的塑料制品了，它们价格便宜、颜色鲜艳、携带方便、轻巧耐用，深受人们的欢迎（图58）。

近年来，科学家们以石油、天然气、炼厂气等为主要原料，通过化学方法，合成了一种性能比天然树脂更优异的高分子聚合物，就是我们已经逐渐熟悉的"合成树脂"。主要的合成原理是把石油"大家庭"中的烃类物质经过裂解获得烯烃，在一定的条件下把许许多多的乙烯分子连接起来，就可以获得聚乙烯高分子聚合物。所谓的"聚氯乙烯"就是大约2000~2500氯乙烯分子聚连在一起形成的链状高分子聚合物（图59）。很多这种高分子聚合物集合起来，就是通常见到的白色粉末状的聚氯乙烯树脂。它们是制造塑料的基本原料。

聚氯乙烯是一种受热时可以变软的热塑性塑料，是当前世界各国生产最多、价格最低廉、用途最广且最有发展前途的一种塑料。

聚氯乙烯塑料有硬、软之分，前者不怕酸、碱，耐腐蚀，可以代替钢材料制造设备。我国许多化肥厂的硝酸吸收塔就是用它制造的，既可延长设备寿命，又价格便宜。此外，它还可以制造耐腐蚀的输送管线、离心泵和通风机等。加入颜色之后，软聚氯乙烯塑料可以制成各种电线和电缆、人造革、雨衣和塑料布。透明的软聚氯乙烯薄膜是农业生产中温室大棚必不可缺的物资，它优于玻璃之处在于价格便宜，同时还有透光性好、保温能力强、收藏时不占空间等优点。

石油产品中乳白色半透明的无毒聚乙烯可以制成各种日常生活用品，而且，由于它的电绝缘和吸水率极小的特征，可以用来制造各种高频电缆和海底电缆的绝缘层和保护层。

在热塑性塑料中，还有一种我们十分熟悉的种类——有机玻璃，它的化学名称是"甲基丙烯酸甲脂"。有机玻璃的身影已经越来越多

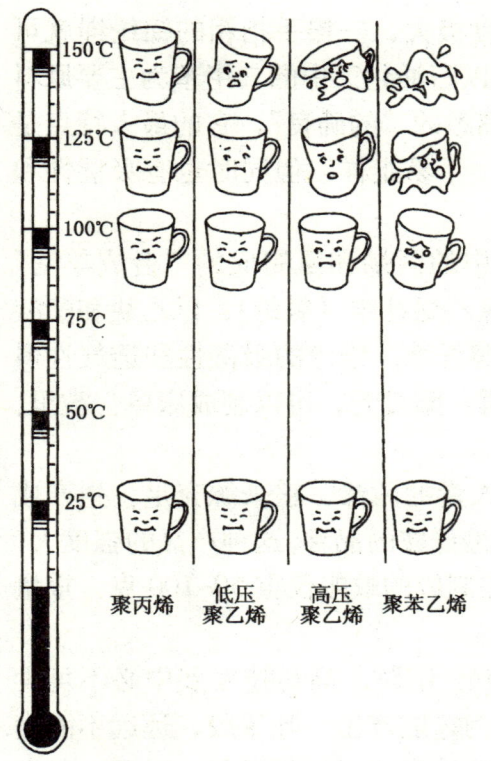

图 58　塑料的抗温性

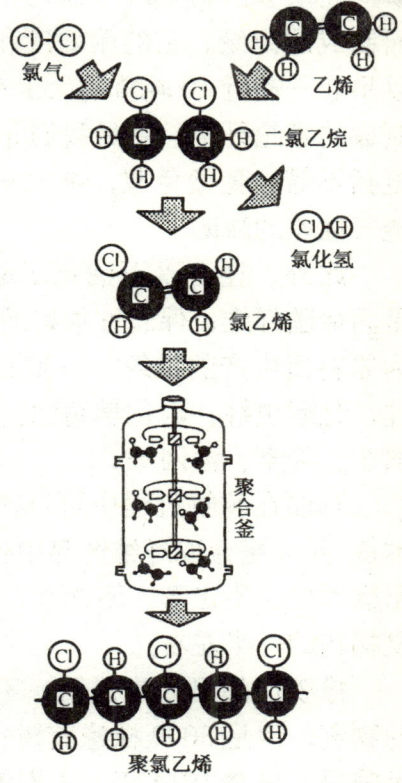

图 59　聚氯乙烯生产示意图

地出现在人们的日常生活和高科技、国防工业的领域中了。从照相器材到医疗用具、战斗机机舱玻璃、仪表、坦克的潜望镜，等等，都是有机玻璃的产品。

　　在石油第二代产品中，还有一个大名鼎鼎的"塑料王"——聚四氟乙烯。在能够溶解黄金、白金的"王水"（三份浓盐酸加一份浓硝酸制成的强酸溶液）中，它也会坚固如初。这种塑料具有极强的耐热、耐寒、耐高温及电绝缘性等特点。广泛应用于化工、电气、制冷、医药等工业中，有"万能塑料"之称。

　　人们以石油为原料，通过化学聚合的方法，把一千多个丙烯腈分子有规则地连接到一起，变成一条非常长的聚丙烯腈高分子聚合物，然后再抽成纤维，成为令人眼花瞭乱的合成纤维制品。

在众多的合成纤维制品中,有以石油化工中的苯酚或苯做原料而制成的锦纶。它的耐磨度和强度极大,一根手指粗的锦纶绳就可以吊起一辆近10吨重的大卡车。以石油化工中的二甲苯为主要原料制成的涤纶纤维,就是我们非常熟悉的"的确良",它的最大特点是挺括不皱、免烫免浆,缩水率小,不易走样,但同时也有吸湿性和透气性差的缺陷。

此外,还有以石油化工原料中的丙烯和氨制成的"合成羊毛"聚丙烯腈纤维,保暖性很好的聚氯乙烯纤维(氯纶),以乙炔和醋酸为原料而生产的维纶——聚乙烯醇纤维。维纶的吸湿性和透气性俱佳,且耐虫蛀、耐化学腐蚀、耐霉、耐日光,可以制成床单、被里、帆布、绳索、渔网等。

石油在裂解过程中可以产生大量的丙烯,它来源充足、生产成本低,所以是合成纤维产品中价格最低廉的品种。这种产品的强度大、耐磨性好、不走形、不缩水,用它制成的蚊帐仅重50~100克,重量是棉花的一半左右。

橡胶产品已成为民用、工农业、国防、高科技发展中必不可少的物资,但是3000棵橡胶树一年内才能产出一吨橡胶,远远不能满足需要。早在1914年,人们就成功地合成了甲基橡胶,以后,科学家们发现,合成橡胶所需要的乙烯、丙烯、丁烯和芳香烃等大量原料,都可以来自石油化工产品。人们先从石油中获得生产合成橡胶的单体,然后通过聚合,像塑料中的聚合物分子一样,使合成橡胶单体聚联成具有弹性的大分子固体。

尤其可贵的是,人们可以根据经济、生活和国防的需要,合成通用的橡胶和特种橡胶,比如具有耐寒性的丁钾橡胶和耐高温、耐化学腐蚀的含氟橡胶等。

以石油为原料还可以制成化肥、农药、医药、洗涤剂、炸药、染料、合成蛋白等。据不完全统计,人们利用现代化的石油化工技术,已从石油"黑金"中获得了近6000种产品,广泛地应用在日常生活、工业、农业、交通运输、国防和高科技的领域中。

天然气已悄然走进我们的生活

由于种种原因,我国的天然气勘探开发直到20世纪90年代中期才进入高潮,尤其是西北部大气田的开发,为天然气的广泛应用奠定了坚实的物质基础。

天然气的利用,大致可以分为两个方面,一是作能源,二是作原料。

与煤炭、石油相比,天然气是更为洁净、价廉、优质的燃料。同等热值的天然气价格比原油的低,而且,天然气燃烧后的污染物(灰粉、二氧化硫、二氧化氮、一氧化碳)比煤、油燃烧后的生成物少。从质量上看,民用气的最终热效率是原油的1.2倍、煤的1.5倍、火电的2.8倍。而且天然气比煤气及液化石油气的火焰更稳定,所以天然气的地位在众能源中与日俱增。

作为燃料,天然气首选是供给民用,在发达国家中,英国民用气占消费气量的57.4%,法国占51.4%,荷兰占49.2%,美国占40.3%,原苏联84%的家庭用天然气作燃料。在中国,用天然气和液化石油气作燃料的比率虽然大幅度上升,但比起发达国家还有较大的差距。

以天然气作燃料的工业部门也较多,原苏联的钢铁工业中用天然气作燃料所占的比例曾高达94%。在美国、意大利、加拿大等国家,这一比例也相当高。

天然气可用作往复式(活塞式)及离心式发动机的燃料,目前世界上约一半以上的汽轮机使用的动力燃料是天然气,而且还有增加的趋势。天然气还是混烧柴油机和点火式内燃机的优质燃料,我国石油系统的工程技术人员已成功地改造了多种型号的重型汽车,使其成为使用柴油与天然气两种燃料的交通工具。这种类型的汽车不仅输出动力没有下降,更重要的是排出的杂质大大减少,是真正的节能环保型汽车,已在全国迅速推广开来。此外,纯粹使用天然气作动力的汽车已出现在市场上,包括小轿车、公共汽车和重型卡车。

天然气既可作动力又可作为发电厂的燃料。在美国，用于发电所消耗的天然气已占到天然气总消耗量的20%左右。

此外，利用低温冷藏的液态氢与氧的化学能发电，已成为航天工业、海洋钻井平台以及边远地区供电的一项重要技术，这种燃料系统又称流动电厂，其中的氢源绝大部分来源于天然气。

以天然气为原料的化学工程称为天然气化工，迄今已有100多年的发展历史，主要表现在以下几个方面：利用天然气获取高纯度的工业、制药、化工、精密仪器制造等方面急需的氦气，我国目前使用的氦气90%以上都来源于天然气。用天然气蒸气转化（或部分氧化）制取氢气，用于化肥、化学药品生产、石油炼制、金属焊接、电子工业、超导技术、食品工业、新型能源和燃料电池、航天工业的燃料，等等；天然气经蒸气转化或部分氧化可以制得合成气（$CO+H_2$），用来生产氨，这是化肥生产的重要原料。

甲醇是用途十分广泛的基本有机化工原料，用它可以制取甲醛、农药、维尼纶、汽油及蛋白质等，全世界以天然气为原料制取的甲醇可占甲醇总产量的80%左右。在化工工业中，乙炔有"有机合成工业之母"的称号，它能与许多种物质进行化学反应，衍生出几十种有机化合物。在美国、德国等发达国家，以天然气为原料生产的乙炔可达乙炔总产量的近100%。

以天然气为原料，还可以制成三氯甲烷、四氯化碳（是制冷剂、聚氨酯泡沫塑料起泡剂、火箭推进剂、灭火剂等化工产品的主要来源）、硝基甲烷（可合成炸药、农药、医药、活性剂、防腐剂、润滑剂等精细化工产品）、二硫化碳（广泛用于工业、农业、医药、冶金等领域）、乙烯（可以衍生出上千种化学产品，是化学工业的基础原料之一）、硫磺，等等。

而且，利用富含乙烷及其碳数更高烃类的天然气的分离、吸附、吸收，可以获得乙烷、丙烷和天然汽油。

天然气中含量最大的是甲烷（分子式为CH_4），是一种无色无臭的气体，不溶于水，比空气轻。甲烷的发热量大，1000立方米的天然气相当于1吨石油或2吨煤，而其重量还不到720千克。甲烷在空气中占有 5%~14% 的含量时，遇火就会发生爆炸。天然气的爆炸发生在 1/1000~1/10000 秒之间，可产生高达 2000~3000℃ 的高温。

因此，在我国许多城市的居民都已逐渐以天然气为能源的形势下，更应严格按照安全规定操作，严防天然气管道泄漏，以防发生人员中毒、爆炸的惨剧。

随着我国天然气勘探开发的大发展，人们对环境保护的要求日益提高，天然气不仅已走进千家万户，而且在不远的将来，将会在民用、工业、农业、国防、科技等方面的应用中占到越来越重要的地位。

土地、大海在呼唤

在近代石油工业开始以来的百余年中，人们经过不懈的努力，找到了丰富的石油，石油成为"工业的血液"，从而获得了巨大的物质利益。但同时人类也吞咽了石油工业的"副产品"——一些被专家学者称为"石油公害"的工业污染。

在石油的开采之际，工业污染就开始出现了，打一口油气探井，需要占地数亩，排出的泥浆、污水、污油以及试油后喷出的大量原油都会严重污染农田。尤其在海洋石油勘探、钻采、运输过程中，钻井船、钻井平台不断地产生含油污水、含油泥浆、钻屑、生活污水和生活垃圾等。这些污水、废弃物数量大、历时长，若不经处理直接排入海中，就会立即造成污染。其中，对海洋环境危害更大的是油类和重金属。

大量的油类排入海洋后，在海浪的作用下迅速蔓延并分散在海水表面形成油膜。这种油膜即可隔开空气与海水的接触，使海洋生物因严重缺氧而影响发育并可导致死亡，进而破坏海洋的生态系统，造成更加严重的资源危害。而且，排入海洋中的油类还可溶解在海水中，影响海洋生物的正常发育和生长，使大批海鸟在很短时间内死亡（图60）。

图60　海洋石油污染

钻井废弃物产生的铬、镉、砷、汞、铅等重金属排入海洋之后可进入海洋生物的食物链并危害海洋水生生物的生长、发育和繁殖。更为严重的是，这些重金属还可以通过食物链的生物积累而进入海洋动植物体内，最终危害人类的健康。

井喷、溢油和漏油事故的发生往往会把大量的石油排入土地和海洋，会使土地寸草不生、危害海洋水生生物，更为严重的是由于石油形成的油膜较厚且面积大，极易引发严重的火灾事故，给环境和国民经济造成巨大的危害，这一点，在海洋上尤为严重。

为了保证海洋石油开发正常进行的同时保护海洋环境，国际组织和世界各国都制订了一系列保护海洋环境的法律和法规。我国历来重视海洋的自然环境与生态保护工作，已制定了一系列关于海洋石油开发的保护环境的法律与法规。

由于海洋石油的开发情况远比陆地的复杂、风险大，而且海洋是多种资源综合开发的领域，一旦发生大规模的井喷、漏油事故，就会造成极大的危害，所以在开发海洋石油之前必须编制海洋环境影响报告书，评价海洋石油开发作业可能会对相关海域产生的各种可能的影响和危害，并详细制定减少和避免这些影响和危害的各种措施，以及应急计划和实施方案。

海洋石油开发必须配备齐全的防污设备和器材，大型的有石油回收船、海上浮油回收装置、吸油材料和围油栏等；小型的有油水分离器、污水处理装置、含油污水排放自动控制装置和生活污水、生活垃圾处理装置等。

除了海上的石油开发的直接作业者要严格按照法规操作之外，经常性地进行环境保护的监督和检查是执行海洋环境保护法律和法规的重要保证。只有从这两方面加强管理和监督，才能达到海洋石油开发与环境保护同步发展的目的。

目前，世界上大约有60%以上的石油交易要靠海上运输。据有关数据，人类每年在海洋上运输的10亿吨原油，约有1%流入或漏失到海洋中，其中以油轮失事造成的污染最为严重。尤其是在第二次世界大战、两伊战争等大规模的战争中，被击沉的油轮历经数年之后，石油还会从海底的沉船中慢慢地散漏出来。即使在和平时期，也时常发生油轮遇难事件。

虽然这种突然漏失的石油的部分轻组分会逐渐蒸发，其余部分也会被细菌分解为水和二氧化碳，但这需要时间，而且大量漏失的石油会因油轮的撞击而发生大火。1989年3月24日，美国埃克森石油公司的"埃克森—瓦尔迪兹"号巨型油轮在阿拉斯加海域的威廉王子湾附近不幸触礁,几小时后就泄出 3.5 万吨原油,时速高达 112 千米的海风把这些原油迅速扩散到 160 千米以外的克莱丰岛,使最大污染面积超过 7770 平方千米,污染了 1610 千米的海岸线;到 1990 年 3 月,埃克森石油公司在清理这次漏油事故中已花费了 20 亿美元。

石油污染后的海区,一般需经过 5~7 年才能使当地的生物重新繁殖,1 升石油完全氧化,需消耗 40 万升海水中的溶解氧。所以,各国都在加快研究处理海上漏油的方法。

目前各国多采用的是用海上浮动油栅栏控制漏油,然后再用撇油器把漏油从海上清除掉的方法以及化学分散剂分解法、海上燃烧法等除掉海上漏油。

化学分散剂的作用是减少石油的表面张力,然后把石油分散成很小的液滴,从而可以在海上分散和稀释这些小液滴。在风速小于 30 千米/小时的条件下,从直升机上用点火器或激光器点燃海面漏油也是一种处理方式。我国已经研究成功了一种除去海洋石油污染的长效制剂,它密度小,不易溶于水,洒到漏油层上面,由于油的溶解和微生物的分解作用,能够逐渐释放营养盐,促进油膜中烃类氧化菌的生长繁殖,加速油污的降解。

在陆地、海洋勘探开采石油所造成的污染是触目惊心的,然而与人们从石油中获得的巨大效益相比,毕竟是次要矛盾。我们有理由相信,随着科学技术的发展、人们环保意识的增强,人类终将在控制污染、发展石油工业方面取得不断的进步。如果世界上人人都能达到自觉有效地防止污染公害,我们的地球就会进入一个清洁、美丽、健康、和谐的新时代。

石油炼制与环保

从石油到我们所需要的第一代、第二代产品都需要经过炼制工艺的处理，进入20世纪90年代，环境保护的需要已成为石油炼制工业发展新技术、开发新工艺、研制新产品的主要推动力。同时，日益严格的环境保护要求，又使石油炼制工业的环境保护技术登上更高的台阶。各发达国家纷纷制定一系列法律，要求实施环境综合治理，各国控制有害物质对大气、地表水、地下水和土地的污染，对已产生的二次污染问题也要予以妥善解决。

美国石油界研究的结果表明，为了适应环境保护的新规定，在几年中，许多石油炼厂都必须重建其排水系统和废水处理设施，估算其费用将高达150亿美元。

近年来，石油炼制工业在环境保护方面取得了一系列技术进展，主要表现在废水与废气的治理两个方面。

废水的治理首先是采用膜分离、水质稳定和废水深度处理等方面的新技术，有效地分离浓缩回收废水中的多种有害物质，使大部分废水可通过不同的方式进行回收利用，排放水量和污染程度大幅度下降。国外的实践表明，通过水的重复利用和处理后废水的回用，可节约50%左右的新鲜水和减少2/3左右的废水排量。

利用生物处理技术，可以使70%以上的有机污染物转化为甲烷，成为可利用的能源。目前，厌氧—喜氧联合生物处理已被推荐为石油炼制和化工处理中处理高浓度废水的首选方法。生物脱氧技术已广泛地应用于石油炼厂废水的处理过程中，用来控制排出水体中的氮含量。目前更为先进的方法是将生物处理与膜分离技术结合起来，这样不但可以省去沉淀池和过滤器，而且废水的处理效率和处理后的水质都会有相当大的提高。

除了上述有害物质之外，石油炼制过程中也不可避免地排出一些有机物，它们对环境的污染更为严重。经过多年的摸索，人们对那些难以被生物降解的有机质含量相当高的废水采用"催化氧化处

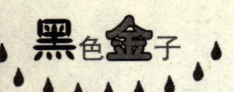

理技术"处理,而且已获得了重大进展,当前研究工作的重点是开发高性能的废水催化氧化剂,提高处理效率。

石油炼制过程中排出的工业废气可以对大气层造成极大的污染,它也是造成全球变暖、臭氧层破坏和酸雨等威胁人类生存的全球性环境问题的主要根源。

废气治理,就是要控制并消除二氧化硫、氧化氮、芳香烃、卤气烃、恶臭物质和飘尘等等。

二氧化硫是工业废气中含量最大的,也是当前治理的首要问题。目前国外应用得最广泛的是湿法烟气脱硫技术,比如用石灰等碱性物质吸收废气中的二氧化硫等。这种技术成本低,但易造成排气通道的腐蚀、结垢、堵塞,所以一些炼厂正在积极开发一些高效硫回收技术,使硫的回收率可以达到 99.5% 以上,并可省去尾气治理的工序。

恶臭气体也是石油炼厂环境保护的一大问题。首先要改革工艺、搞好设备和管路密封,消除并隔断恶臭物质的来源。然后,应选好治理的方法,目前多采用的焚烧法处理效果好,但缺点是燃料消耗量大;在一些场合,还可以采用活性炭吸附和洗涤法除去废气中的恶臭。

近年来,一些发达国家在利用生物技术除臭和治理废气方面已取得很大进展,可以有效地除去炼厂废气中的硫化氢、硫醇、氨以及多种酸性和碱性有机物,尤其对废水处理设施排放气体的脱臭更为有效。

此外,近年来对以往将炼厂废渣简单土地掩埋甚至投海的做法也进行了大改变,采用离心机将油、水、固体物质分开,分别进行回收或处理;可燃物焚烧,金属物质回收再利用等措施,不但使废渣实现基本无害化,而且还可"变废为宝"。

现代化的石油炼厂中还采用先进的隔声、吸声、消声和隔振、减振等技术手段,从各个方面减轻或消除炼厂给生态环境造成的污染。

乱用石油产品——危险！

据不完全统计，近年来我国每年因石油引起的火灾事故多达1200起，因这类事故导致的死亡人数已近2000人，造成直接经济损失高达156.7亿元以上。

仅据湖北省襄阳县5个乡镇调查的资料，1994年至1997年就发生了6起私营加油站起火爆炸事故，死亡1人，重伤9人，轻伤15人，烧毁房屋12间，直接经济损失达80多万元。1996年7月，我国沿海某港口一艘加油船上载有走私柴油3400吨，因意外引起火灾事故，死亡4人，重伤32人，轻伤18人，直接经济损失达500多万元。

因为石油管理、使用不当引发的众多的爆炸事故，给人们留下了惨不忍睹的焚烧现场、巨大的经济损失和无法挽回的人员伤亡。专家综合分析后认为，这些现象的症结在于：市场竞争过度、重复投资现象突出，一些石油生产企业违规自销现象未能得到有效控制，市场石油制品质量大幅下降、劣质油大量充斥市场，石油市场管理不善、非法经营屡禁不止，农村石油储销网点成为管理上的空白等。因此，我国的石油市场迫切需要规范市场管理、创造公平竞争的环境，促进石油市场健康、有序、安全地运行。

随着人们生活水平的提高和石油工业的发展，石油产品也越来越多地进入了普通百姓的家庭。但不少人由于缺乏石油产品知识，有时往往图一时方便，随便代用或乱用油品，造成了许多本来完全可以避免的火灾、爆炸、中毒等事故，其中尤以汽油的着火爆炸和润滑油中毒最为多见。

汽油是市场上常用且易买到的油品。它可作为汽油发动机的燃料、油漆工业中的有机溶剂等等。据统计，在因使用汽油不当而造成的着火爆炸事故中，发生最多的是误把汽油当成可以清洗沾了油污衣物的清洁剂。20世纪60年代的一个暑假中，一个炼油厂动员实习的青年学生用大量的汽油清洗车间的油污，同时又用电瓶车搬运物品,引起着火爆炸,死伤多人。70年代,一个工厂的研究所在整理卫生时,竟用500千克的汽油清洗墙壁,试图除去上面的油污,现场也有电瓶车行驶,结果导致汽油起火爆炸,死15人,伤30人!一名驾驶员用汽油清洗汽车的发动机,却没有断开蓄电池的电源,当他用铁刷刷洗时,不小心触及电极,引起蓄电池短路打火,当场被烧死。

汽油是一种易挥发物,它的蒸气状态与空气混合后,在一定浓度范围就会形成爆炸性混合气体,在有明火、电火花或静电的情况下,就会点火爆炸。汽油的闪火点可在摄氏零度以下,所以它的爆炸下限会很低。

所以,在清洗油污较重的衣物和物品时,应该使用专用的清洁剂,也可以用含有表面活性剂的煤油或水溶液,有的还可加少量的四氯乙烯。煤油或轻柴油的沸点和闪点都高于汽油,比较安全,但在使用过程中依然要注意防火。

在国内外的一些餐馆中曾发生过食品加工机械中加入工业机油作润滑油而导致的中毒事件。发动机润滑油中为保证所需要的抗氧化、润滑损磨、降凝和防泡沫等多种性能,加入含磷、硫、多环和硅油等添加剂,其中有的可引起急性中毒,有的则可致癌。所以,食品加工机械决不可用工业润滑油脂作润滑,而必须用精制的脱除了稠环芳烃的白油作基础油,添加无毒的添加剂的食品机械专用润滑油。在日常生活中,万万不可用不明标签或来源的旧塑料桶装食用油或食品。

在生产和生活中所用的石油产品的种类和牌号繁多,它们各有各自不同的用途和相应的规格,不可随便代用或乱用,做到安全第一,让石油产品更好地为我们的生活服务,而不是带来伤害。

在汽车越来越多地走入百姓家庭的今天,"无铅汽油"已成为我们耳熟能详的名词了。含铅汽油可以通过人体呼吸系统、消化系统和皮肤表面等多种途径致人中毒,危害大脑、干扰人们正常的新陈代谢活动。按照计划,我国从2000年起,首先在北京、天津、上海、重庆等八大城市实现了汽油无铅化,而且迅速在全国推广。

但是，无铅汽油也是一种矿产原油经加工后的烃类混合物的制成品，易挥发、易燃、易爆，在炼制加工中必然会产生有害物质。汽油中的微量硫、芳烃、烯烃和苯，经燃烧后的氧化物在阳光下易生成对人体健康危害极大的化学烟雾，苯是众所周知的致癌物质。而这些都是汽油加工中的必然产物，目前的技术水平无法一下子都除去，只能逐步减少其含量。汽车尾气中排出的因燃烧不完全而形成的一氧化碳（CO）被人吸收以后会降低人体组织的输氧能力，导致缺氧、致病，甚至死亡。

因此，无铅汽油只解决了铅毒问题，并不意味着无铅汽油已是对环境无污染，对人体无害处的理想洁净燃料了。除了积极寻找、开发新能源之外，当前的主要努力方向是改变汽油配方，发展低污染高含氧的无铅汽油。这样，我们才能真正安全地迎接"汽车时代"的到来。

为石油而战

石油有"黑色金子"、"工业的血液"的美称，正因如此，各国为了保持自己的工业与现代化发展，都不遗余力地在本国和本国之外的一切可舷地域、海域、寻找、开采石油。20世纪爆发的两次世界大战，从一定程度上既是帝国主义国家为分割、争夺石油资源而发动的，也是依靠石油来进行的。也许，没有石油，战争不会打得那么残酷，那么持久。

充满血腥的石油争夺战

观察近代石油工业的发展史，可以看出，石油主要分布于亚、非、拉一些贫穷落后的国家或地区，而石油消费者主要是欧美一些发达的工业国家，这就形成了争夺丰厚的石油资源及其利润的问题。简言之，一部世界石油工业发展史，就是一部资本主义国家之间激烈的争夺厮杀史，也是一部富国与穷国攫取财富和捍卫财富的斗争史。在这场巨大的利益争夺中，早期资本主义的竞争原则就是弱肉强食，经过穷国人民的长期反抗斗争，国际政治关系和经济关系才趋于平缓。尽管如此，就石油工业现状而言，当今的国际关系中不合理的现象仍然是大量存在的。

在20世纪初的第一次世界大战中，石油和内燃机改变了战争的方方面面，甚至包括海、陆、空机动作战的基本含意。1914年9月初，从巴黎东北至凡尔登的战线与凡尔登—阿尔卑斯山战线相交，两条战线共有200万兵力。德军右翼主攻部队距巴黎仅60千米，兵锋直插这座光明之城。在这关键时刻，法国铁路已无法使用，首都的加利埃尼将军已准备下令弃城撤退。

危急时刻，加利埃尼突然灵机一动，下令征用巴黎城内所有的3000辆出租车，以每25~50辆为一队，运输援兵上前线，迅速扭转了兵败颓势，加强了法军防线。9月8日，法军重振精神，新到的援军投入全线战斗，打得德军丢盔弃甲，溃不成军。这就是历史上著名的"汽车拯救巴黎"的壮举。

1916年，索姆河战役中首次投用了坦克。到大战结束前几个月，

图61　第一次世界大战中的英国轻型坦克

英国陆军已从1914年的827辆汽车猛增到56000辆卡车、23000辆汽车、34000辆摩托车和机动脚踏车（图61）。部队的机动能力在多次战役中起到了至关重要的作用。战后，人们称协约国战胜德国从某种意义上讲是卡车击败了火车，此话千真万确。而内燃机在战争中的一个新领域——空战中的影响更加引人注目。而使用石油的内燃机无疑已成为欧洲战场上不可缺少的一部分。

到了1916年初，英国销量极大的《泰晤士报》声称英国面临一场"石油饥荒"。原因在于：由于德国实施潜艇战导致海运能力日益减弱，大大限制了英伦三岛石油及其他原料的供给；其次是由于石油需要量飞速增长，以满足战场的急需和国内的需求。在德国潜艇的袭击之下，法国石油储备也急剧下降。

1918年2月，包括美国、英国、法国和意大利的协约国石油组织应运而生。当时的美孚公司和壳牌公司在国际石油贸易中占主导地位，所以实际上是这两家公司使得整个协约国的石油体系在运转。

严酷的战争和资本家财团之间的明争暗斗，使得美国石油已近告罄，只得挖掘所有潜力并增加从墨西哥进口。而德国也只得从相对弱小的罗马尼亚进口石油才得以缩小供需缺口。

1916年9月，德国、奥地利两国联军为夺取罗马尼亚黑海边石油港内一座协约国的汽油库而与罗马尼亚军队大打出手。同时，德军高级将领鲁登道夫就瞄准了一个更大的目标——位于黑海之滨的俄国巴库产油区，这为第二次世界大战中德军的一个主攻方向埋下了伏笔。

土耳其人为了攫取巴库宝藏，不顾柏林的恳求挥戈直逼巴库产油区，至1918年8月初，攻占了部分油田。8月中旬，英国的一支小部队经波斯抵达巴库，与当地的亚美尼亚和俄罗斯居民一起抗击土耳其军队并积极准备抗击德国人。

英军、土耳其军队、当地的穆斯林为争夺石油混战成一团，大批亚美尼亚人和成立不久的苏维埃的布尔什维克成员惨遭杀害，但德国人始终未能夺取巴库的石油。

德军石油储备终于耗尽，精疲力尽的德国于1918年11月11日宣布投降，第一次世界大战终于结束了。

停战协议签约10天之后，英国政府在伦敦兰开斯特大厦设宴招待协约国石油组织成员代表，主人是曾担任印度总督的冠松勋爵，他起身对宾客们讲道，战争期间在法国和佛兰德尔看到"最令人惊叹不已的就是庞大的卡车队"。他随即高声宣布："协约国伟业在石油的海洋中乘风破浪，无往而不胜！"

而法国石油委员会主席贝朗热参议员更是语惊四座，他说石油乃是"大地之血"、"胜利之血"。他预言，"石油既是战争的血脉，也会成为和平的血脉！"之后的历次战争似乎都验证了这一预言。

随着冷战的结束，一种新的世界秩序正在形成。经济竞争、地区争端、种族对抗可能在现代化武器扩散的推动和唆使下取代意识形态方面的斗争，成为国际和各国冲突的焦点。但是，无论这一新的国际秩序如何演变，石油将仍是战略商品，对国家战略和国际政治具有关键作用。

回首20世纪石油工业的发展史，我国可以深深地悟出一个道理：在这个地球上，落后就要挨打，落后就要吃亏！摆在我们中华民族面前的只有一条路：发奋图强，迎头赶上！

二战中的高加索石油之争

在第一次世界大战的战场上,内燃机取代了战马和以煤为燃料的机车,从而确立了石油作为国力因素之一的重要地位。在远东和欧洲,石油对第二次世界大战的进程和结局都至关重要。日本人在攫取东南亚石油资源的同时,攻击珍珠港以保护侧翼。希特勒入侵苏联的最重要战略目标之一就是夺取高加索的油田。

1942年7月1日,在德军大举进攻苏联一年之后,希特勒在德国法西斯南方集团军总部会议上称:"如果我得不到迈科普及格罗兹尼的石油,我就应结束这场战争。"同时,高加索的石油对当时的苏联能否顶住法西斯进攻并取得胜利具有决定性的作用。这是因为到1942年夏季,随着乌克兰、白俄罗斯、顿巴斯等地区的失陷,苏联的经济基础严重地被削弱了。在当时局势下,保卫高加索对苏联来说具有第一位的战略和经济意义。苏联战前在高加索已经建立起了大型的燃料能源基地,北高加索与外高加索的油、气产量分别占全苏联总产量的86.5%和65%。巴库地区的原油产量占全苏联总产量的75%。它的重大意义还在于巴库的炼油厂生产着红军及其他作战技术装备所需的特种燃料油。

为了占领高加索产油区,希特勒德国制定了代号为"爱琪尔维依"的行动计划,内容包括占领高加索产油区以及进一步夺取近东石油。与此相配合的还有"土耳其计划"、"东方计划"等。希特勒在计划中拟定了具体的路线、方向和目标,包括翻越高加索山脉,夺取迈科普、格罗兹尼、巴库等产油区,并于1942年9月占领伊朗—伊拉克边界的山隘,以便进攻伊朗和伊拉克,获取更多的石油资源。

苏德战争进入第二个年头时,苏联也面临着极大的困难。1942年夏季高加索军事形势不利于苏军,红军退却,所以如何使敌人无法得到高加索的石油,就成为苏联领导人面临的重要战略决策。

当时,不仅德国人要夺取高加索,同盟军也想插手高加索。1942年3月初,英美参谋长联合委员会召开专门会议,讨论高加索的防务问题。1942年夏末至秋初，英美力主将自己的军队部署到高加索。而印度战区的英军指挥官也担心高加索一旦被德军攻占会直接威胁到印度英军的右翼，进而再次提出进军高加索油区的要求。

　　苏联方面为此做了详细的部署，随着战线向西高加索山前的推移，苏军的抵抗也愈来愈猛烈。苏联的石油工业第一副部长组织了一批有经验的石油工程师和苏联内务部的爆破专家，拟定了石油开采的停产工艺及油井长期封闭的方案。有关参加此项计划的人员事后回忆说："如果让敌人得到石油，我们就将被枪毙；如果石油产地在尚不会被敌人占领的情况下，匆匆忙忙进行破坏，我们面临的也将是同样的命运。"因此，在战时，对油田的保卫与破坏的工作，都必须在组织工作非常精确，并完全符合前线局势的情况下，才能适时、准确地进行。

　　1942年8月间，德军突入高加索产油区，德国人想方设法试图用高加索石油来补充自己。在迈科普油区，德军原以为能采取大量石油和燃料油储备，但他们什么也没找到。所有燃料油储备都被事先转运走了，油井被堵塞了，设备被埋藏起来或者运往后方。德军在占领库班的半年时间里，无法得到一滴石油。

　　战争进行到1942年11月下旬，苏军有效地抑制了敌人的疯狂进攻，消耗了他们的有生力量，不久就从战略防御转入决定性的反攻。德国法西斯不得不承认对苏战争的主要战略企图彻底失败。"爱琪尔维侬"计划流产了。1943年1月1日至4月4日，苏军解放了北高加索及罗斯托夫的大部分地区，油田全部回到苏联人民手中。

　　在苏联红军赢得这场战争的丰功伟绩中，高加索的石油工人立下了不可磨灭的功劳。据战争统计，自1942年7月25日至1943年4月4日，北高加索及外高加索前线的苏军共消耗了18.4万吨燃料油，其中高辛烷值航空汽油4万吨，70号汽油及70号煤油2.07万吨，汽车用汽油9.74万吨，柴油0.59万吨，重汽油及煤油2万吨。在高加索战役反攻期间，前线苏军每天消耗燃油804吨，这些都是在崎岖山路、运输极其艰难的条件下，由高加索产油区的石油工人提供的。

　　1943年1月初，高加索地区的德军终于受命撤退，但他们已被

苏联红军团团围住。剩下的燃料油只够德军的坦克行进32千米，但它们必须冲击48千米才能获救，所以，在1943年1月至2月初之际，陷入重围不能自拔、饥寒交迫又因缺少燃料而失去灵活运动能力的德军终于缴械投降。

二次世界大战的欧洲与亚洲战场的形势表明：现代战争对石油的依赖越来越重。到战争结束时，德国人和日本人的燃料油罐都已枯竭。而战后的苏伊士运河危机、伊拉克入侵科威特等战争中，石油已成为核心问题。

石油与疆土争端

　　一个国家的领土包括领水、领陆和领水的底土以及领空四个部分。领陆是一个国家疆界以内的陆地,包括大陆和岛屿,是国家领土最重要、最基本的部分;领水是国家疆界以内的水域,包括内水和领海;领空是国家领陆和领水以上一定高度的空间。对于一个国家来说,领土是神圣不可侵犯的。但由于一些历史及其他方面的原因,一些遗留下来的领土及边界问题常常会引起十分激烈的争端,尤其是与石油资源有关的领土争端,更不易调和、解决。

　　远的不说,就在1995年12月15日,位于红海上的小国厄里特里亚,以其仅有10架米格战斗机和几艘巡逻艇的薄弱兵力,向驻扎在大哈尼什岛上的也门军队发起了突然进攻,很快控制了该岛及周围水域。

　　大哈尼什岛的海空争夺战,除因该岛具有控制红海航线的地理位置和特殊战略地位之外,一个十分重要的原因就在于交战双方都盯住了岛屿附近海区的石油资源。也门在当时探明了该海域拥有丰富的石油储量,而陆地石油少得可怜的厄里特里亚地理位置濒临红海,到海域寻找石油的欲望极为强烈,所以就倾其军力一搏,引发了冲突。

　　同处于地中海周边的希腊和土耳其早在1987年3月就围绕爱琴海的大陆架划分和石油开采权爆发过严重的危机。20世纪70年代,希腊首先在爱琴海的萨斯岛周围发现了大量具有工业价值的石油资源,但到了1973年,土耳其政府把爱琴海石油勘探权授予土耳其国有石油公司,因为土耳其人认为这块大陆架是他们的领土范围,所以有权开采石油。1987年3月,希腊与土耳其两国围绕着爱琴海的大陆架划分和石油开采权问题爆发了一场严重的危机。1996年1月25日,希腊与土耳其为了位于土耳其海岸和希腊旅游大岛卡列利姆诺斯岛之间的面积不足一平方千米的伊米亚岛展开了一场激烈的拔旗战,战争大有一触即发之势。其根本原因也是为争夺该岛附近的石油资源开采权。历经联合国和北约多方出面调停及土耳其的军事压力，危机才以希腊一方的"撤军、拔旗"而暂告平息。至今两国对爱琴海中的石油争端仍未解决。

在伊朗与伊拉克两国边境之间流淌着一条由底格里斯河和幼发拉底河以及几条来自伊朗的河流汇合形成的阿拉伯河，两国长期是以这条长约200千米的河流为界，但没有划定具体的边界线。沿这条河的附近，地下蕴藏着极其丰富的石油资源，两个国家在这条河流的周围都存在大量的油井、输油管线、储油罐等石油基础设施，因此对这一地区主权的争夺就日趋白热化，进而构成了爆发两伊战争的一个重要因素。

南极大陆附近的马尔维纳斯群岛（西方国家也称福克兰群岛）一带蕴藏丰富的石油资源，1982年阿根廷军队去占领该岛时，英国人不远万里派遣军队血战数日夺回该岛的控制权。因为那里的石油储量超过英国北海油田储量的50%。至今英国与阿根廷两国就谁拥有这一地区的主权问题而争吵不休。

我国的海域也存在上述问题。位于我国台湾东北部的钓鱼岛是我国神圣不可侵犯的领土，它的四周海域下面蕴藏着丰富的石油（据国外油气专家估计，钓鱼岛四周海域的石油资源储量为30亿~70亿吨）。1972年美国太平洋海湾石油公司不顾我国领土主权，在当地进行石油勘探作业。在我国政府严重抗议下才撤走。此外，日本认为该岛是琉球群岛的一部分，并多次到该岛进行油气资源勘查，均遭到我国政府的严重抗议。

南海也是一个具有丰富油气资源的海区。在这一海域，位于我国南海传统海疆线以内的含油气沉积盆地就有16个，油气资源储量可达450亿吨以上，预计可采量为40亿~50亿吨左右。南海，既是我国战略重地，也是我国未来重要的油气资源后备基地。但是，越南、马来西亚、菲律宾等国也对这一地区虎视眈眈，多次声称那里是它的大陆架的自然延伸（地质学研究证实，南海是一个大型冲积盆地而并非大陆架延伸），并于近年来频频在该海域勘探、开采石油与天然气，引起我国政府和人民的极大愤慨，并多次重申对该海域拥有

主权。

　　在我国东海北部,有一个我国大陆延伸出去的大陆架,面积达6万平方千米,韩国、日本都对这一海域提出主权要求,从1974年开始,这两个国家背着我国,达成了"共同开发"的协议,受到我国政府的严重抗议。

　　因石油资源引发的疆土之争屡见不鲜,我国也被卷入其中,只有国家强大,国力加强,我们才能真正地捍卫我们的疆土,为子孙后代留下更多的石油资源。

海湾战争与石油

令世人震惊的海湾战争已过去了十多年,但以美国为首的西方各国从政治、经济、军事三个方面对伊拉克迅速作出的反应已成为现代国际政治舞台上经典的一幕。开始于1990年8月7日的"沙漠盾牌"军事行动已成为研究现代战争的专家、军事爱好者耳熟能详的名词。这场历时42天、投入最先进武器的海湾战争,实际上是一场真正的20世纪末期的石油大战。

面积1.8万平方千米,人口仅180多万的小国科威特是石油探明储量居世界第5位的"石油大国"。20世纪90年代初,它的探明石油储量达92.3亿吨,年产量超过1亿吨,是世界主要石油供应基地之一。

与之相邻的伊拉克也是石油大国,储量居世界第2位。长达8年的两伊战争,使伊拉克从拥有500亿美元海外资产的富国,沦为欠外债达700亿美元的穷国。与伊朗停战后的经济建设急需大量资金,而伊拉克的经济收入主要依靠石油出口。

科威特油田的含油层厚、油质好、埋藏浅。伊拉克南部的鲁迈拉油田正处在伊、科边境地区,虽然该油田仅有约3.2千米长的小部分延伸到科威特境内,但科威特在两伊战争打得正激烈时,曾利用新的开采技术加紧在此处获取石油。对此,伊拉克再三指责,并要求科方赔偿24亿美元的损失。

此外,1990年初,科威特和阿拉伯联合酋长国,肆意超过石油输出国组织(即"欧佩克")分配的生产定额,大量增产出口原油,致使世界石油市场的油价从每桶18美元跌至14美元。这对急需资金的伊拉克无疑是雪上加霜。1990年7月中旬,伊拉克就此猛烈攻击科、阿两国这种不负责任的超产行为,声称自己仅上半年就因此损失了140亿美元。

为了"弥补"石油工业方面的损失,并控制科威特的石油资源,伊拉克数十万大军于1990年8月2日出动,一夜就攻下了科威特。

仅仅5天之后,美国就做出了迅速、强烈的反应,要不惜一切代价进行海湾战争,为什么?美国前总统尼克松一语道破了天机:既不为了民主,也不是为了自由,而是为了石油。

到1990年,世界已探明的石油可采储量约有65%在海湾地区。那里的石油产量已占到世界总产量的25%,石油出口量占世界石油贸易总量的40%。

美国是当今世界上最大的石油消费国。全世界每年产出的30亿吨石油中,约30%是由美国消费的。进入20世纪80年代以后,美国国内石油需求量以2%的年增长率增加,但经过百余年的开采后,其国内的石油产量却连年下降,因此,美国的石油消耗对进口的依赖日趋严重。到1990年第一季度,美国从海湾地区进口的石油已达206.4万桶/天,占其总进口量的26.9%。

日本消耗的石油中有99%依赖进口,欧洲共同体国家在1989年石油进口量占其石油总消费量的80%。

西方的政治经济学家认为,谁控制了海湾石油,谁就控制了美国、日本、西欧等发达国家的经济命脉和生命线。难怪伊拉克攻占了科威特,打算控制海湾的重要产油区时,西方世界惊慌失措,大规模出兵,动用了第二次世界大战以后最大的军事力量,发动了海湾战争。

自从坦克、飞机、战车在第二次世界大战中显示出威力以后,摧毁和破坏敌方的石油生产、供应的设施和机构,已成为现代化战争中克敌制胜的一条重要作战原则。因为如果石油供应被切断,再好的作战装备也只能成为一堆废铜烂铁。

回顾这次海湾战争,多国部队杀入伊拉克以后,并未受到战前许多军事分析家们预测的恶战,伊军大部分不战而退、溃不成军,仅仅100小时就结束了战斗,伊拉克无条件接受了联合国有关12项决议。

各国军事分析专家在战后分析发现,除了萨达姆指导思想失误之外,石油供应被切断是伊军迅速溃败的一个重要原因。

在海湾战争中,多国部队从地面攻入伊拉克之前,美、英等国出动了强大的空军对伊拉克境内实施了现代战争史上空前的大规模、高强度、高准确性的长达38天的"地毯式"轰炸，不仅彻底破坏了伊军重要的战略据点，而且使伊拉克的主要炼油厂、石油储存与供应设施几乎全部瘫痪，通往前线的军用物资供给线全部被切断。前线急需的汽油和弹药等物资送不上去，而设在前线的燃料储备也被完全炸毁。伊军的坦克、战车、卡车等机械化装备没有燃料补给几乎失去了机动作战能力而变成了一堆废铁，面对装备精良、空中和地面燃料供应都十分充足的多国部队，只好作"鸟兽散"了。

据美国《新闻与世界》报道，海湾战争中，美军一个装甲师日耗燃油94.6万升；参战的8个机械化师和装甲师在100小时的地面战中共消耗燃油3028.3万升。美国官方公布，海湾战争中，每天消耗燃油6813万升。据不完全统计，仅42天的海湾战争就消耗燃油230万吨。石油在现代战争中的角色可见一斑！

石油的国际战略角色

半个多世纪以前，石油就被喻为"现代工业的血液"。随着社会的发展，石油本身的价值早已远远超出了一般的物质生产和经济生活领域，渗透到社会政治、军事、外交等领域，石油在国际政治中的战略角色越来越突显。

石油首先扮演着国际政治的"晴雨表"，尤其在西亚、非洲发生的大大小小争端，几乎都与石油有关。当然，与石油相关的国际政治最敏感点还在中东。那里是全世界的主要石油基地之一，油价的涨落和国际政治斗争错综复杂地交织在一起，成为西方大国争夺的战略要地，那里的任何冲突都含有微妙的政治背景。

在中东地区，巴勒斯坦和以色列为疆土斗争了几十年，它们已同石油及国际政治交织到一起。巴勒斯坦有众多的产油国支持，以色列则与一些西方发达国家有着千丝万缕的联系。一旦中东政治、军事冲突加剧，西方大国立即纷纷抢购石油，油价会随即上扬。而当那里政治军事形势平稳，军事冲突平息，油价又会很快落下来。从20世纪80年代的两伊战争到90年代的海湾战争，都可以看到石油的"身影"。

石油的价格，也是一些国家在进行外交活动时的得力"筹码"。在美国，早有人把用石油打外交牌的手段誉为"石油外交"。

石油，可以成为国家之间互相拉拢、控制、合作的"筹码"，在以前的欧洲经济互助委员会中，苏联依附着自己极其丰富的石油和天然气，特意铺设了"友谊"输油管线，以低于世界石油市场的价格，向自己的"小兄弟"捷克斯洛伐克（现已分为捷克和斯洛伐克）、匈牙利、波兰和当时的东德等国输送石油，而以正常的国际市场价格向西欧和日本等国出口石油。有时候，一个产油国出于国际政治目的，可以把石油高价进口、低价出售，当然也可以低价进口、高价出售。

石油当然也可以成为国际斗争的"武器"。这一点，位于世界主要产油区的阿拉伯国家运用得最为频繁、娴熟。

1973年10月初,埃及、叙利亚和巴勒斯坦游击队与以色列打响了"中东战争"。在这次战争中,阿拉伯石油输出国组织团结一致,用石油作"武器",把对美国等支持以色列侵略的国家的石油供应量逐月减少5%,并以减产、禁运、提价、国有化和增加本国股份等措施,对美国、以色列等国家造成了沉重的打击。加之阿拉伯国家在道义上和财力上对埃及、叙利亚及巴勒斯坦的支持,有力地影响了战争的进程。

西方发达国家国内石油消耗过分依赖中东的进口,所以,这些国家用石油"武器"起到了军事武器起不到的作用。20世纪70年代的这场以石油作"武器"的斗争,加速了资本主义世界经济危机,引起了西方社会动荡。在那段时期中,国际金融货币市场动乱,通货膨胀,人心惶惶。石油"武器"引发的"石油危机"给西方经济留下了不可磨灭的阴影。从那以后,国际石油市场一有风吹草动,美国的经济学家就纷纷提出警告:如果美国国内石油需求量持续增加,生产量低,进口扩大,那么,类似20世纪70年代的"石油危机"就有再度爆发的危险!

在20世纪90年代初的海湾战争之后,受到"制裁"的伊拉克也频频用石油作"武器",忽而要求增加用于换食品的石油出口量,忽而又减少石油产量,以求国际石油市场的价格上扬,搅得国际石油市场动荡不勘,这当然也会涉及国际政治、经济。

由于石油已广泛而深入地渗入经济生活的各个环节,石油价格的波动直接冲击着世界金融市场,对金融市场起着一种"调节剂"的作用。

1986年,国际油价暴跌,相同体积的石油价格甚至低于"可口可乐"饮料的价格,使一些产油国出现债务危机。墨西哥政府宣告自己已无力偿还债务。尼日利亚、印度尼西亚、委内瑞拉、厄瓜多尔等石油出口国也纷纷表示难以偿还债务。油价下跌,对富甲天下的石油输出国组织"欧佩克"的影响也很大。这些国家纷纷动用大笔海外资产和存款。由于大量提走存款,西方国家部分银行因资金周转困难而无法维持,国际金融危机一触即发。

国际油价下跌，往往会引起国际金融市场的连锁反应。以石油为支柱的英镑，由于油价下跌而汇率疲软，为了保住英镑，防止物价上涨，英国中央银行不得不在国际市场上大量抛售美元，购进英镑，用以调高英镑利率。

反之，油价上涨，会迫使石油进口国增加美元支出，使本国经济下降，通货膨胀率增加。在世界经济全球化的今天，石油价格的波动影响在产油国和石油进口国的经济发展方面都会有日趋显著的表现。

同时，石油勘探开发，往往会为当地带来不可估量的经济推动力。我国新疆的克拉玛依大油田在发现之前几乎是一块人迹荒芜的不毛之地，经过几十年建设，那里已成为工作、生活着数十万人的石油城。天津大港油田、辽宁盘锦的辽河油田……一座座新兴的石油城的诞生、发展是石油成为一个地区乃至一个国家社会变革、经济振兴、物质文明发展的有力例证。在中东地区，这种例子更是举不胜举。沙特阿拉伯在20世纪60年代初，还是个保守的游牧部落社会。石油的发现与开发，很快就使这个"骆驼加帐篷的社会"一跃成为一个"喷气机加计算机的社会"。科威特和文莱原来也是两个非常落后的国家，人民仅仅靠捞珍珠生活，开发了石油之后，一跃成为世界上最富裕的国家之一。

在美国，休斯敦以前仅仅是一个南部荒凉的小镇，随着该地区和邻近的墨西哥湾油气田的大规模开发，一跃成为一个拥有200多万人口的美国南方最大的工业城市，成为集石油工业、航天工业和计算机工业为一体的"世界油气之都"。

石油工业是资金密集、技术密集的庞大系统工程，它的发展依赖于多学科的发展和运用。同时，随着它的发展，也有力地促进着化工、新能源开发、电子技术、计算机技术、核能技术以及其他尖端技术的发展。

我国从1996年成为石油纯进口国以来，每年石油进口量不断增加，国际油价的波动就会在我国立即有所反映。进入21世纪以后，我国国内燃油价格的每次波动都与国际油价密切相关。随着我国加

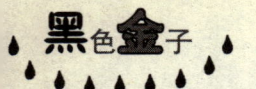

入WTO，与国际经济的关系进一步加强，国际油价的涨落肯定会对我国石油市场，甚至国民经济产生越来越大的影响，这一点，是值得我国关注的。

可以预见，石油在未来的社会中会起到越来越重要的国际经济、战略、外外、金融的"催化剂"以及"推进剂"的作用。石油的开发与利用，也将会更好地造福于人类。

国民经济与能源系统的重要支柱

新中国成立之后,立即着手对石油天然气生产的恢复并展开大规模勘探。经过50余年几代石油科技工作者与石油工人的努力,共和国能源史上重要而显著的变化就是油气(特别是石油)在一次性能源消费中比例的变化。以能源消费构成为例,1952年石油占3.4%,而到了1999年,就已占到了23.4%;天然气的比例在1959年仅占0.1%,到了1997年就上升至2.8%,可以说油气是常规能源中比例上升最快的部分。

石油和天然气是国民经济第二产业中的基础性行业,它向国民经济提供动力和原料,并创造出巨大的财富和大量的就业机会。在包括煤炭、有色金属等各种矿产和林木的采掘中,石油与天然气开采约占其总收入的40.40%,占其基本建设投资额的57.38%,居各行业的第一位。在我国国内近百种行业统计中,石油与天然气开采业在20世纪末占全国工业总产值的2.65%,占销售收入的2.58%,但占利润总值的9.50%,占税金总额的5.29%,占增值税总额的8.21%。在各个行业的效益统计中,其总资产贡献率为12.46%,低于烟草加工(46.57%),略低于饮料制造(12.49%),全员劳动生产率为104278元/(人·年),仅次于烟草加工业[303736元(人·年)],居第二位。这些统计数字表明,石油与天然气工业是国民经济中重要的而且是贡献最大的工业部门之一。

一般说来,石油和天然气开采、炼油、油气基础化工和精细化工等行业在产值上的关系是依次增大一个数量级。即如果石油与天然气开采创造的产值是个位数,则炼油和油气基础加工的产值可达十位数,而精细化工与利用油气产品的部门所创造的产值可达到百位数。正是大规模的石油与天然气的开发,才使其下游的许多行业(比如以内燃机为动力的交通运输业)得到了活力,能够有效地高速发展,这些行业所创造的财富、创造的就业机会都是非常可观的。所以,可以毫不夸张地说,石油与天然气工业是国民经济的支柱行业之一,它的兴衰，对国民经济会产生重大影响。

长期以来，我国都是以煤为主要能源的，其缺点是相当明显的，它除了对运输（特别是铁道）造成巨大的压力之外，还具有能源效率低、对环境污染严重两大缺陷。统计分析数据表明，中国1997年的能源效率为31%左右，大致落后欧洲国家20年，即仅相当于欧洲20世纪70年代的平均水平。再细分析起来，其中主要的原因是因为中国以煤为主体的能源总体上比以石油和天然气为主体的能源效率差。降低能源消耗中煤的比例，增加油气的比例成为提高能源效率的重要条件。可喜的是，从20世纪90年代后期开始，随着我国鄂尔多斯、塔里木盆地克拉2大气田、苏里格等大气田的发现、开发投产，天然气在能源消耗中的比例逐渐增加，我国的能源效率也将大幅度地提高。